スラスラ読める

# Unity ［ユニティ］

FURI ふりがな GANA Kids キッズ

プログラミング

JN243077

インプレス

# はじめに

ソウタ 「お、このパソコンで動いているのUnityってやつだね。ゲーム作れるんだよね」

はかせ 「そう、プロも使ってるゲーム開発ツールじゃ。やってみる？」

アヤカ 「でも、むずかしいんでしょ」

はかせ 「簡単といえばウソになるが、やってできないこともないじゃろ」

ソウタ 「プログラミングするんだよね。オレScratchならやったことあるよ」

はかせ 「基本的な考え方はScratchと同じじゃ。ただしUnityではC#という英語と記号が組み合わさったプログラミング言語を使うんじゃが、そこは日本語訳のふりがなを振って教えよう」

ソウタ 「よーし、Unity覚えて構想10年の大作ゲームを作るぞ」

アヤカ 「壮大な計画だねー。じゃあアタシは構想20年！」

アヤカちゃん

ソウタくん

フリナガはかせ

## 監修者プロフィール

### LITALICOワンダー

LITALICOワンダーは、子どもの創造力を解き放つ、IT×ものづくり教室。5歳から高校生を対象として、プログラミングやロボット、3Dプリンタといったテクノロジーを活用したものづくりの機会を提供している。2014年4月に東京都渋谷区に開校。2019年8月現在、15教室合わせて約3000名の子どもたちが通っている。

https://wonder.litalico.jp/

## 著者プロフィール

### リブロワークス

書籍の企画、編集、デザインを手がけるプロダクション。手がける書籍はスマートフォン、Webサービス、プログラミング、WebデザインなどIT系を中心に幅広い。最近の著書は『スラスラ読めるRubyふりがなプログラミング』（インプレス）、『小さなお店＆会社のWordPress超入門~初めてでも安心！思いどおりのホームページを作ろう！改訂2版』（技術評論社、共著など。

https://libroworks.co.jp

## イラストレータープロフィール

### ア・メリカ

フリーのイラストレーター。「ドラゴンクエストビルダーズ2 破壊神シドーとからっぽの島」のゲーム内イラストを担当。著書に『"主線なし"イラストの描き方』（翔泳社）。キャラクターのデフォルメイラストのお仕事・コンセプトアート・装画・広告などの分野で活動中。

twitter: @amelicart
https://amelicart.com

本書はUnityとC#について、2019年8月時点の情報を掲載しています。本文内の製品名およびサービス名は、一般に各開発メーカーおよびサービス提供元の登録商標または商標です。なお、本文中にはTMおよびRマークは明記していません。

# もくじ

はじめに ........................................... 002

監修者・著者・イラストレーター紹介 ................... 003

スクリプトの読み方 ................................. 008


## チャプター（1）
## Unity最初の一歩 ................................. 009

01 | Unityの世界 ................................. 010
02 | Unityの世界の住人 ........................... 014


## チャプター（2）
## ブロックくずしを作ろう ........................... 019

01 | チャプター2〜4で作るゲーム ..................... 020
02 | プロジェクトを作る ............................ 022
03 | キューブを作って床にする ....................... 026

04 | 床に色を付ける .................................................. 038

05 | カメラを移動して真上から見た画面にする .......................... 046

06 | 床のまわりに壁を作る ............................................ 050

07 | ボールを作って転がそう .......................................... 054

# チャプター( 3 )
# 続ブロックくずしを作ろう ～スクリプトの秘密～ ............... 061

01 | スクリプトでボールを動かす ...................................... 062

02 | 転がり続けるボールにする ........................................ 074

03 | スクリプトの意味を調べよう ...................................... 079

04 | Startメソッドの中を見ていこう .................................. 084

05 | メソッドの引数と戻り値 .......................................... 094

06 | スクリプトを書くときの決まりごと ................................ 098

# チャプター（4）

## 続々ブロックくずしを作ろう ～完成への道～ ......... 101

01 ｜ ラケットを作って動かそう ......... 102

02 ｜ ラケットを動かすスクリプト ......... 109

03 ｜ ラケットの動きをチューニングする ......... 114

04 ｜ ボールが当たったらブロックを消す ......... 120

05 ｜ ブロックを手作業で増やす ......... 130

06 ｜ ブロックをスクリプトで増やす ......... 134

07 ｜ for文を使って繰り返す ......... 148

# チャプター（5）

## 迷路で追いかけっこゲームを作ろう ......... 157

01 ｜ チャプター5で作るゲーム ......... 158

02 ｜ 3D迷路を作る ......... 160

03 ｜ 猫のキャラクターを用意する ......... 168

04 ｜ スクリプトで猫を動かす ......... 176

05 動き回る犬を作る ……………………………………………………………… 188

06 犬につかまったらどうする？ ……………………………………………… 198

# チャプター（6）
# FPSゲームを作ろう …………………………………………… 201

01 | チャプター6で作るゲーム …………………………………………… 202

02 | フィールドを読み込む ………………………………………………… 204

03 | FPS Controllerを入れる …………………………………………… 209

04 | 武器を作る ……………………………………………………………… 217

05 | 武器から弾を発射する ……………………………………………… 222

06 | 弾を発射するスクリプトを作る …………………………………… 228

07 | 弾があたると消える標的を作る …………………………………… 235

# 【付録】

Unityをインストールする ………………………………………………… 243

サンプルプロジェクトを開く ……………………………………………… 250

# スクリプトの読み方

　本書では、スクリプトに日本語の意味を表す「ふりがな」を振り、さらに文章として読める「読み下し文」を付けています。また、サンプルファイルのダウンロードについては255ページで案内しています。

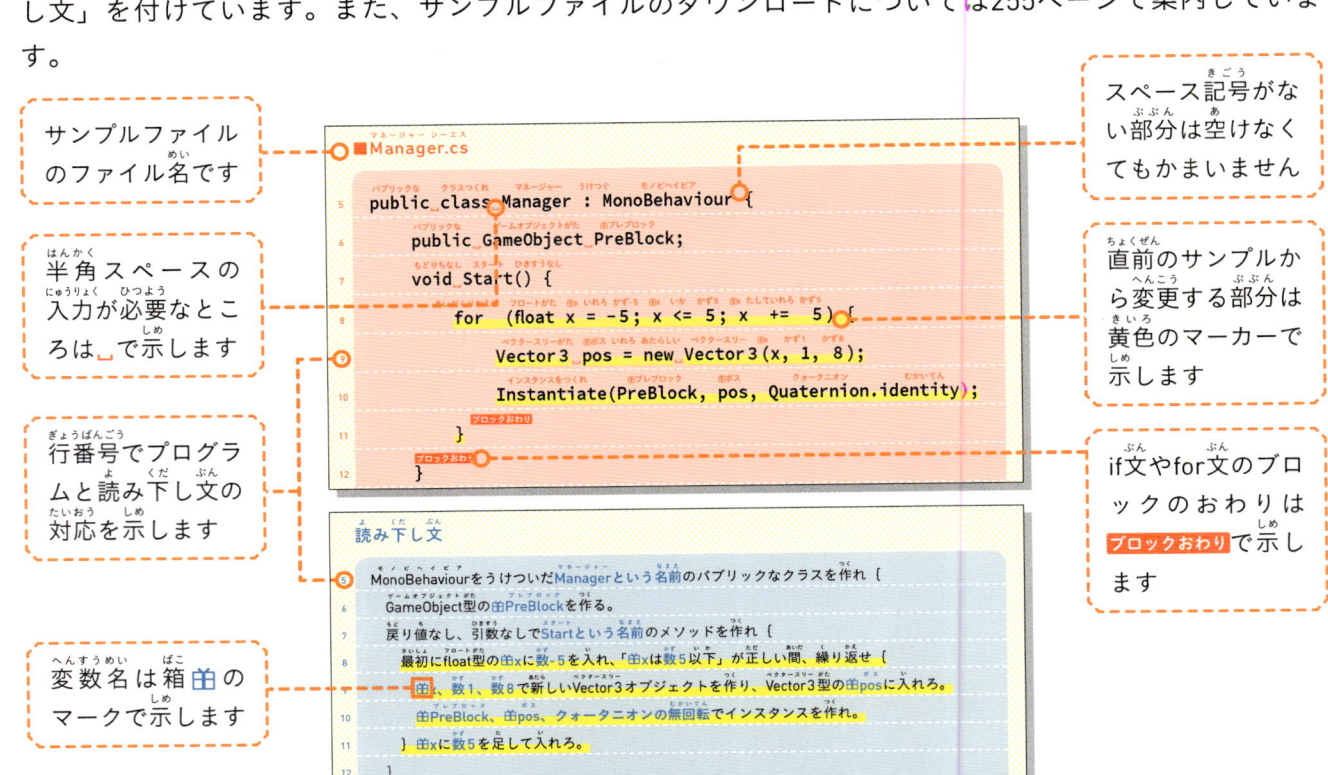

サンプルファイルのファイル名です

半角スペースの入力が必要なところは␣で示します

行番号でプログラムと読み下し文の対応を示します

変数名は箱囲のマークで示します

スペース記号がない部分は空けなくてもかまいません

直前のサンプルから変更する部分は黄色のマーカーで示します

if文やfor文のブロックのおわりは ブロックおわり で示します

# Unity最初の一歩

# 01 | Unityの世界

はやくゲームの作り方を教えてくれよう

 あわてちゃいかん。まずはちょっとだけUnityの世界の説明をさせてくれ

Unityにも世界があるの？

 あるとも。Unityの世界には「オブジェクト」という不思議な住人がいて、かれらに「スクリプト」という呪文で命令してゲームを動かすんじゃ

住人とか呪文とかちょっとゲームっぽいね

# これがUnityエディタだ！

Unityの世界に触れるにはUnityエディタというアプリを使います。使い方は少しずつ説明していくので、まずは画面の名前を覚えておいてください。

[Scene] ビュー
ゲームの画面に触るところ

[Game] ビュー
遊んでいるゲームが表示されるところ

[Hierarchy]ウィンドウ
GameObjectの一覧が表示される

[Project]ウィンドウ
ゲームの部品をしまっておくところ

[Inspector]ウィンドウ
GameObjectの情報が表示される

# Unityの世界の住人「オブジェクト」

Unityのゲームは「オブジェクト」と呼ばれる住人が動かしています。オブジェクトにはいろいろな種類があり、それぞれ不思議な力を持っています。

何かゲームのモンスターみたいなやつらだね

# オブジェクトを動かす呪文「スクリプト」

「スクリプト」を書いて、オブジェクトにどう動いてほしいのかを指示します。スクリプトはC#という英語と記号を組み合わせた言葉（プログラミング言語）で書きます。ちょっと難しいので、この本では日本語のふりがなを付けて説明します。

### スクリプト

```
public class Ball : MonoBehaviour {
    private void Start() {
        Vector3 force = new Vector3(10, 0, 10);
        Rigidbody rbody = this.GetComponent<Rigidbody>();
        rbody.AddForce(force, ForceMode.VelocityChange);
    }
}
```

> これは「ゲームをスタートしたときにボールを動かせ」という意味になる

わー、英語がいっぱい

「スクリプト」は劇の「台本」や「脚本」という意味の英語じゃ。「プログラム」ともいうぞ

# 02 | Unityの世界の住人

> Unityの世界にはたくさんの住人がいるんじゃ

## 主役はGameObject

いちばん活躍する住人が「GameObjectオブジェクト」です。ゲームに出現するすべてのものはGameObjectオブジェクトが演じています。

**GameObject
オブジェクト**

ゲームの世界に登場する役者みたいなオブジェクト。何にでも化けることができる

> GameObjectオブジェクトっていいにくいから、GameObjectでいいよね

# ボールも床も壁もGameObject

Unityのゲームに登場するものはすべてGameObjectが演じています。ボールも床も壁もすべてGameObjectが姿を変えたものです。

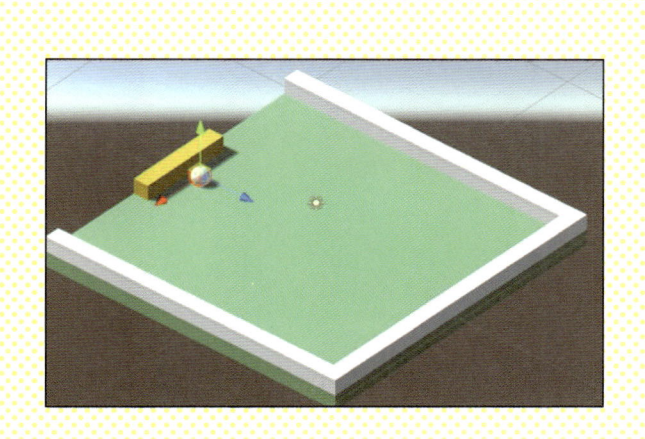

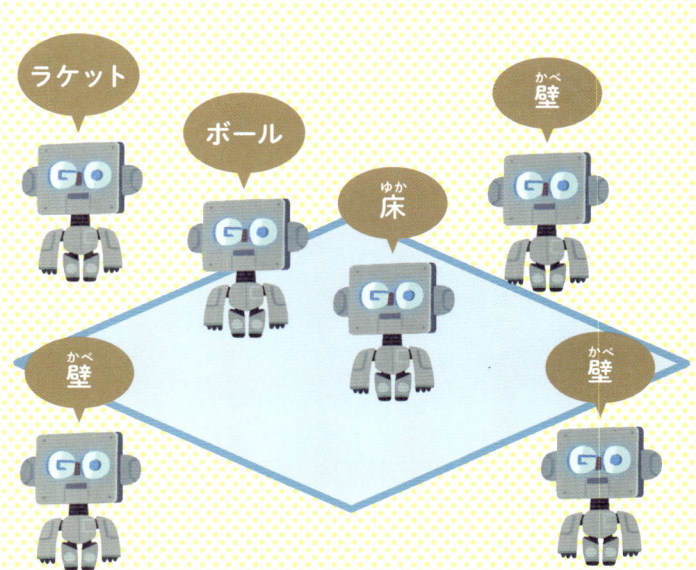

ラケット
ボール
床
壁
壁
壁

オレも去年の劇で「庭の木」の役をやったよ

# コンポーネントと呼ばれるオブジェクト

コンポーネントと呼ばれる種類のオブジェクトは、ゲームの画面には直接出てきません。しかし、GameObjectと合体して特別な力を与える、サポート妖精のような存在です。

## Rigidbodyコンポーネント

物理法則にしたがってGameObjectをリアルに動かす

## Transformコンポーネント

GameObjectを移動させたり回転させたりする。物理演算を使わないので機械的な動きになる

## Colliderコンポーネントと Collisionオブジェクト

ColliderとCollisionはGameObjectの衝突を判定する

コンポーネントは「構成部品」という意味の英語じゃ。GameObjectと合体するといろいろなことができるぞ

# データを覚えてくれる単純型や構造体

最後に単純型のfloatと構造体のVector3を紹介しましょう。Unityの世界の住人という点ではこれまでのオブジェクトと同じですが、数字や位置を覚えるだけの、ちょっと単純な存在です。ペットみたいなものだとイメージしてください。

**float型**

**Vector3構造体**

> 数を1つだけ覚えてくれる生き物

> 3つのfloat型が合体した生き物。3Dの位置や方向を覚えてくれる

よくわからないけど、いろいろいるってことはわかったの。えらい？

 まぁ、必要になったときにまた説明するから大丈夫じゃよ

# 本書における「オブジェクト」という用語について

この本では「Unityの世界の住人」とフワッと説明していますが、「オブジェクト」はプログラミングの世界ではとても重要な考え方の1つです。近年のプログラミング言語では、オブジェクトを組み合わせ、それぞれの機能を呼び出してプログラムを作っていきます。

専門的には「メモリ内に記憶されるデータや機能のまとまり」を指し、オブジェクトの設計図であるクラス／構造体から実体のインスタンスを作ってそれを利用します。

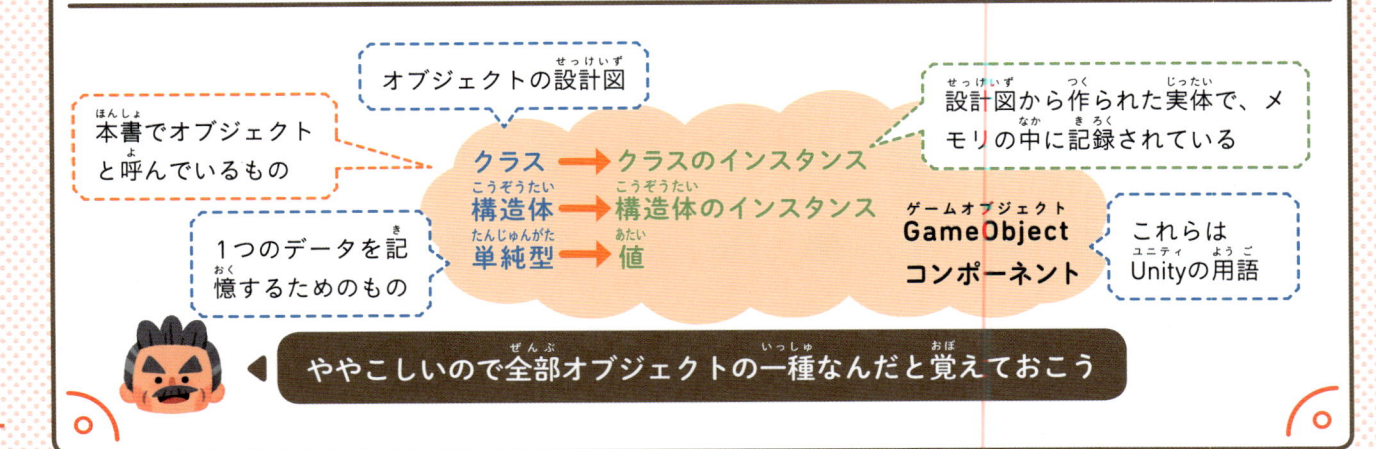

本書でオブジェクトと呼んでいるもの

オブジェクトの設計図

設計図から作られた実体で、メモリの中に記録されている

| クラス | → | クラスのインスタンス |
| 構造体 | → | 構造体のインスタンス |
| 単純型 | → | 値 |

1つのデータを記憶するためのもの

GameObject
コンポーネント

これらはUnityの用語

ややこしいので全部オブジェクトの一種なんだと覚えておこう

# ブロックくずしを作ろう

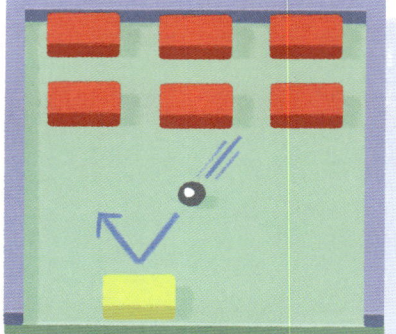

# 01 | チャプター2〜4で作るゲーム

 「ブロックくずし」を作ってもらおうと思うんだけど、知ってるかな？　ワシが子どもの頃はみんなやってたんじゃが

知らないなぁ。江戸時代のゲーム？

 江戸時代じゃワシも生まれとらんよ！　今もスマホアプリのブロックくずしはあるから、見ればわかるじゃろ。これじゃよ

ブロックくずしはテニスや卓球に似たゲームで、動き回るボールをブロックに当てて消していきます。

動き回るボールをブロックに当てて消します。

ボールは壁に当たるとはね返りますが、1方向だけ壁がないため、そのままだと落ちてしまいます。そこでラケットを左右に動かしてボールをはね返し、画面上のブロックをすべて消すというのがゲームの目的です。

ボールを落とさないようラケットではね返します。

あ、これ結構たのしい！

じゃろ？　作りたくなってきたじゃろ？

なんか簡単にできそうだよね

ちゃんと理解して作ろうとするとそう簡単でもないぞ。壁やブロックを思いどおりに置くには3D空間の理解が欠かせないし、ボールやラケットをリアルに動かすには物理の知識も少しだけ必要になるんじゃ

# 02 プロジェクトを作る

> まずはプロジェクトを作るぞ

> プロジェクトってなぁに？

> スクリプトとか画像とかそのゲームに必要なものをまとめておくフォルダのことじゃ。Unityでは1つのゲームにつき1プコジェクトを作るんじゃ

## Unityを起動してプロジェクトを作る

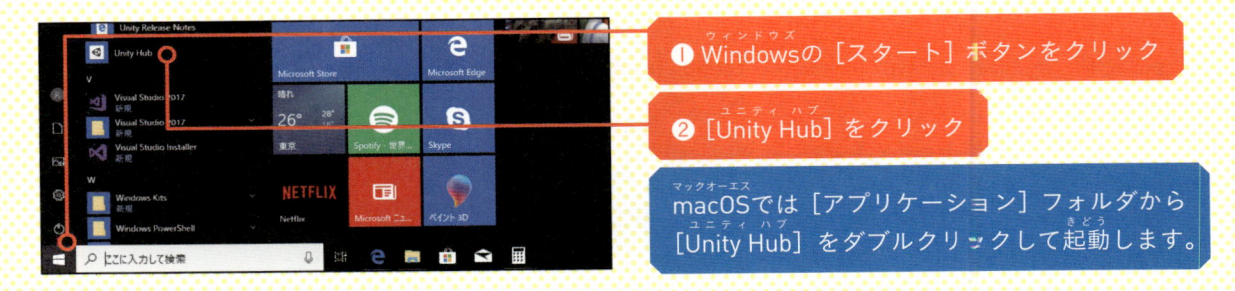

❶ Windowsの［スタート］ボタンをクリック

❷ ［Unity Hub］をクリック

macOSでは［アプリケーション］フォルダから
［Unity Hub］をダブルクリックして起動します。

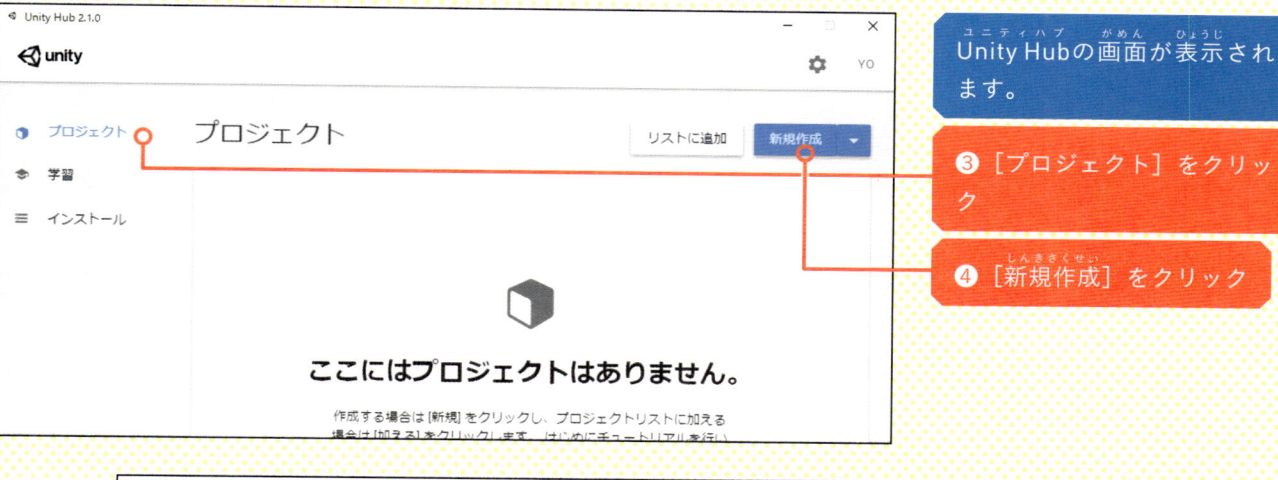

Unity Hubの画面が表示されます。

③ [プロジェクト] をクリック

④ [新規作成] をクリック

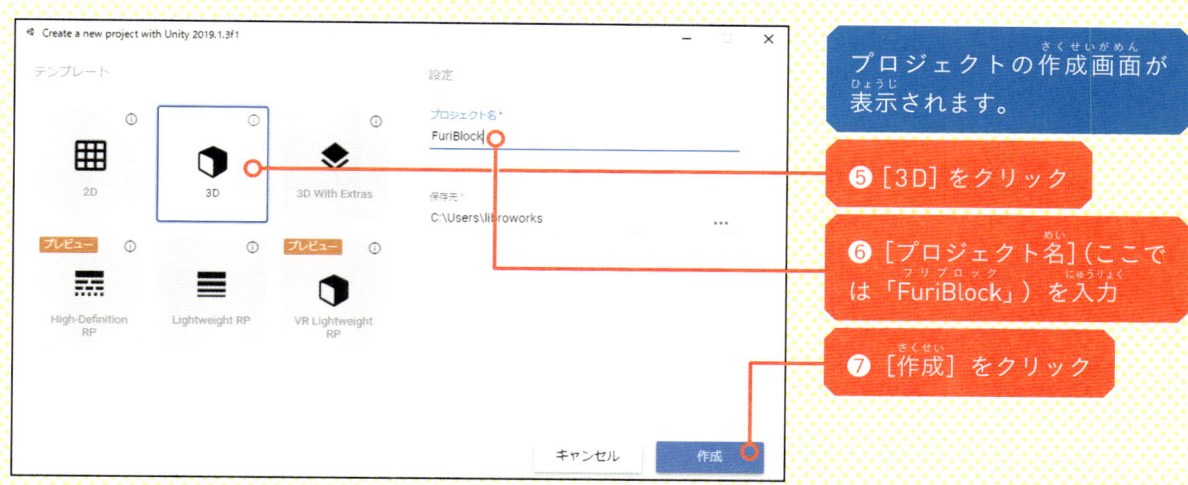

プロジェクトの作成画面が表示されます。

⑤ [3D] をクリック

⑥ [プロジェクト名] (ここでは「FuriBlock」) を入力

⑦ [作成] をクリック

プロジェクトが作成され、Unityエディタの画面が表示されます。

作成済みのプロジェクトの開き方については、250ページで説明しとるぞ

## 編集しやすい画面レイアウトに変更する

Unityエディタの画面はHierarchyやInspectorなどのいくつかのウィンドウが組み合わさっています。3Dゲームが作りやすいように画面レイアウトを変更しましょう。

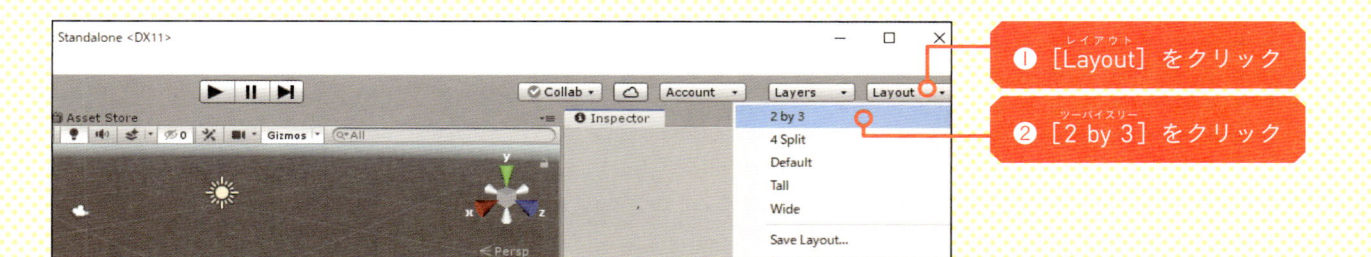

❶ ［Layout］をクリック

❷ ［2 by 3］をクリック

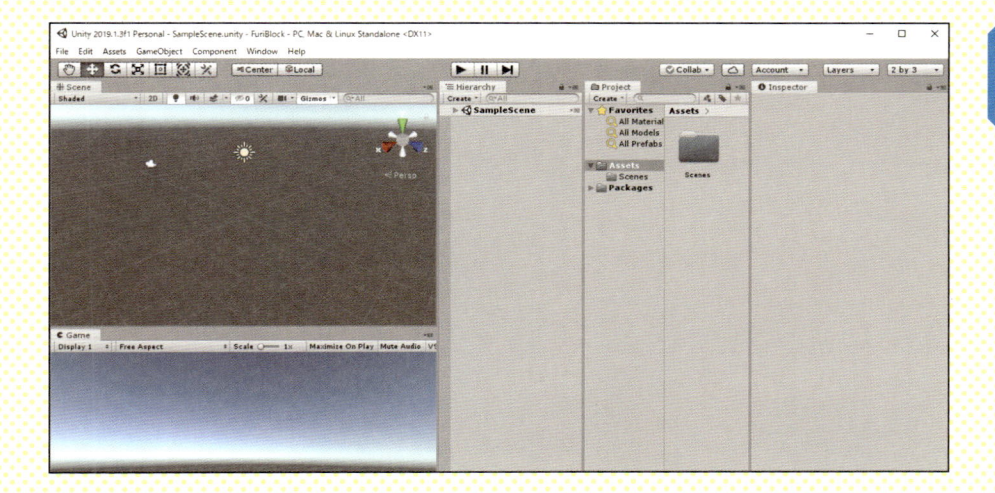

画面のレイアウトが変わります。

編集用の［Scene］ビューとカメラから見た［Game］ビューが上下に並ぶから、カメラで視点が変わる3Dゲームを作るときに便利なんじゃ

# ◎③ | キューブを作って床にする

ブロックくずしの画面はいくつかの箱と球を組み合わせて作る。まずは床から作っていくぞ

## キューブのGameObjectを作る

GameObjectは [Hierarchy] ウィンドウのメニューから作成します。箱型のことを英語ではCubeと呼びます。

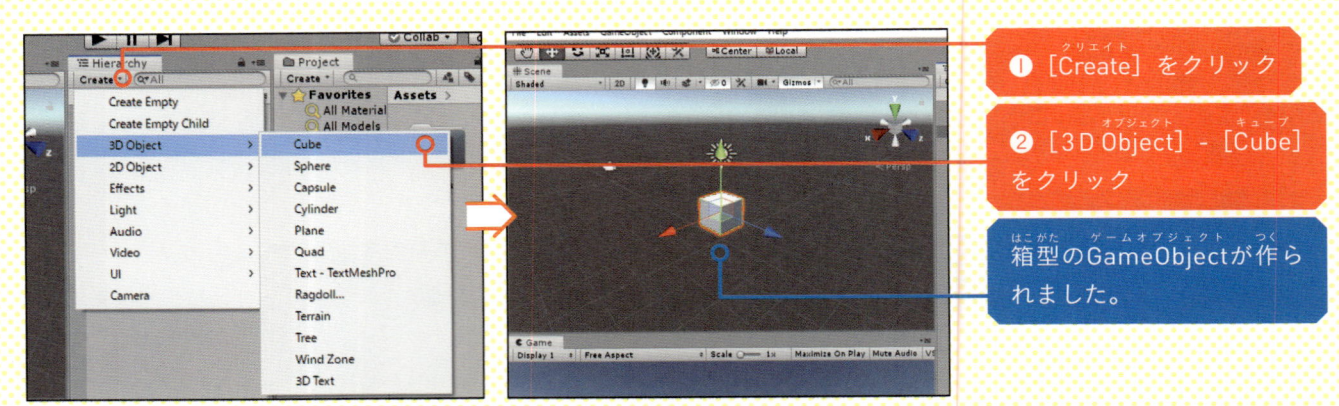

❶ [Create] をクリック

❷ [3D Object] - [Cube] をクリック

箱型のGameObjectが作られました。

# 3D空間を乗りこなせ！

とりあえずキューブを作ってもらったが、これを使いこなすには「3D空間」を理解してもらう必要があるんじゃ

3D空間！　ちょっとカッコイイぞ

3D空間とは、X、Y、Zの3つの軸で表されるコンピューターの中にある世界のことです。[Scene] ビューに赤、緑、青の3本の矢印が表示されていることに気付きましたか？　これがX、Y、Zを表しています。Yが垂直方向（つまり上下）の軸で、XとZが水平方向の軸です。

3D空間での位置は、X、Y、Zそれぞれの方向にいくつ進んだかで表します。たとえば、X方向に2進んでZ方向に1進むといった具合です。X、Y、Zの3つの数値を並べたものを座標といい、(2,0,1) のように「,（カンマ）」で区切って表します。

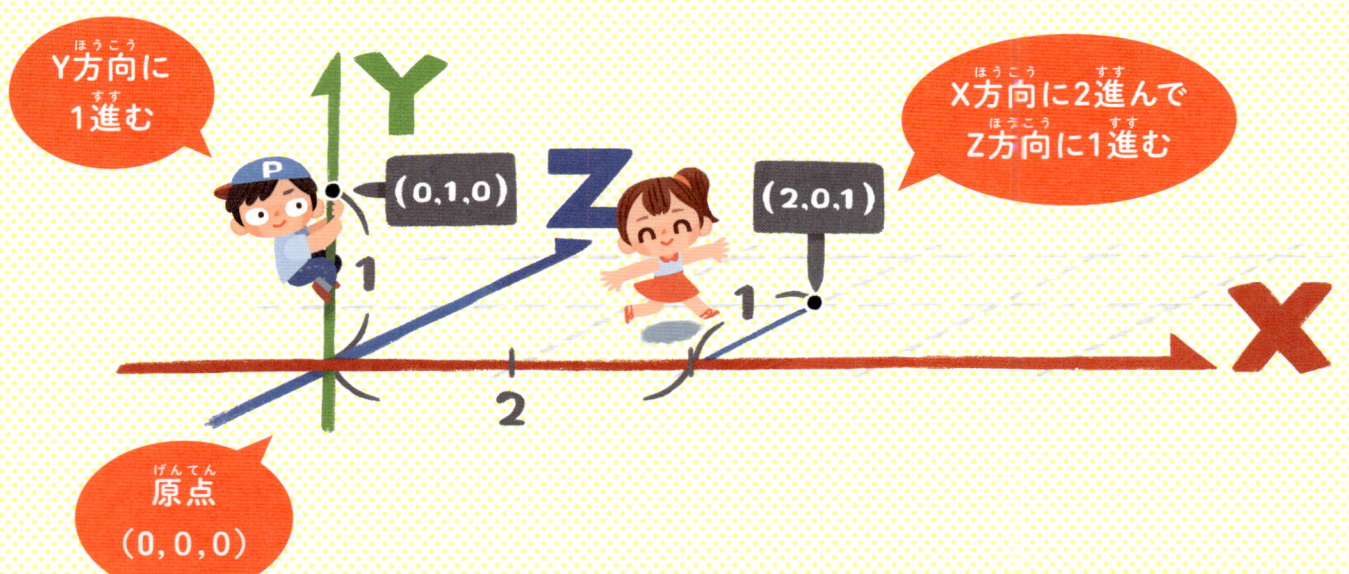

Y方向に1進む

X方向に2進んでZ方向に1進む

(0,1,0)

(2,0,1)

原点
(0,0,0)

Yが上でしょ。じゃあXとZはどっちが右でどっちが左？

 3D空間の右／左と奥／手前は「どこから見ているか」で変わるんじゃ

# [Scene] ビューの中を動き回れ

 3D空間になれるには、まずその中を動き回ってみるのが一番じゃ。マウスを使って動き回ってみよう

[Scene] ビューから見える3D空間を動き回るには、マウスのホイールと右ボタンを使います。まずはズームイン／ズームアウトを試してみましょう。[Scene] ビューの上にマウスポインタを合わせて、ホイールを奥や手前に回してみてください。

チャプター2

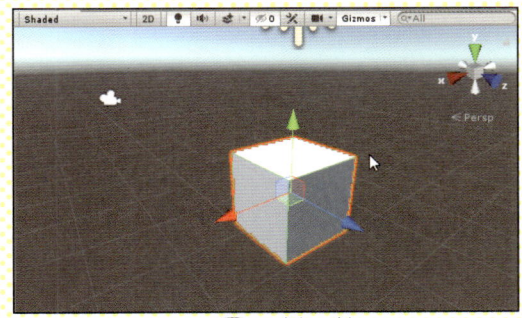

奥に回すと
ズームイン

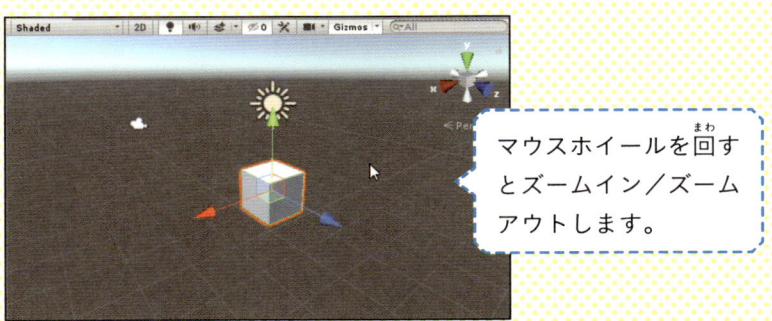

手前へ回すと
ズームアウト

マウスホイールを回すとズームイン／ズームアウトします。

[Scene] ビューから見える範囲を変えたいときは、ホイールボタンか右ボタンを押したままドラッグします。ホイールボタンと右ボタンで動き方が違います。

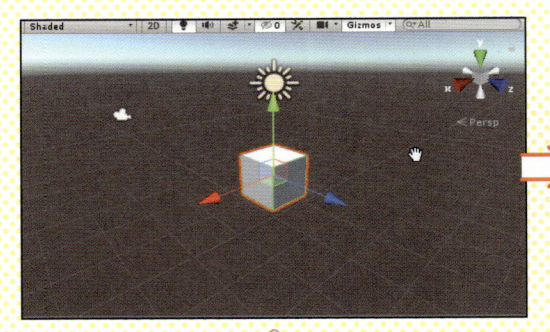

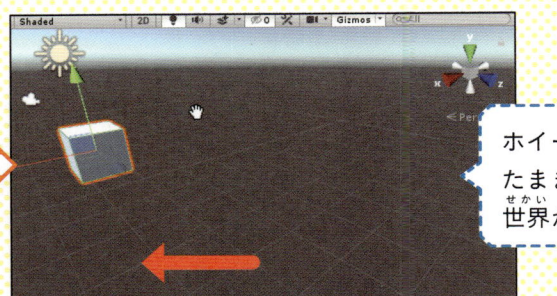

ホイールボタンを押したままドラッグすると世界が移動します。

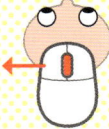
左へドラッグ

世界が左へ移動する

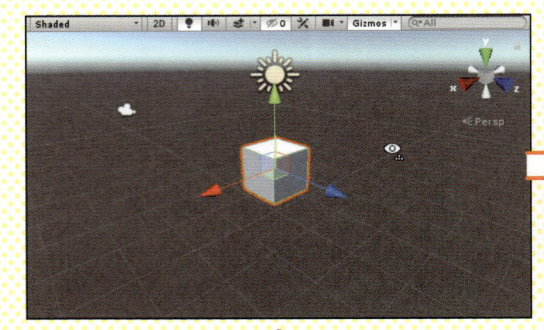

右ボタンを押したままドラッグすると世界が回ります。

左へドラッグ

世界が左方向へ回る

# キューブを動かしたり大きさを変えたりする

今度はキューブのほうを操作してみましょう。Unityエディタの左上にあるツールバーを利用して操作します。できる操作は「移動」「拡大／縮小」「回転」の3種類です。

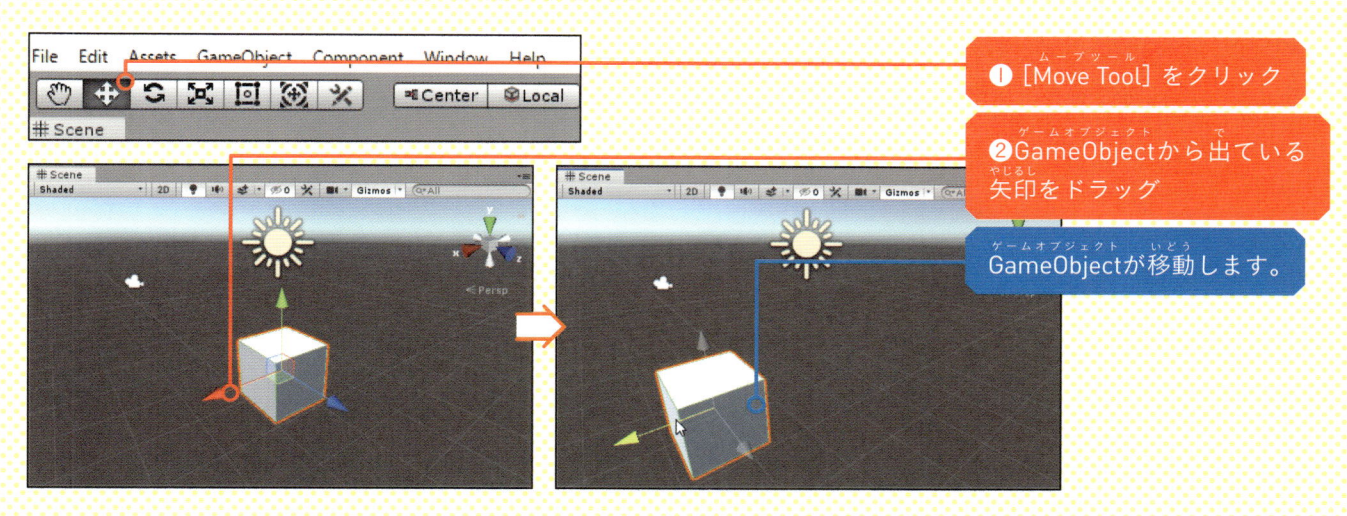

❶ [Move Tool] をクリック

❷GameObjectから出ている矢印をドラッグ

GameObjectが移動します。

マス目にぴったり合わせたいのにうまくいかないなぁ〜

正確に動かす方法はこのあと説明するから、今は好きなように動かして大丈夫じゃよ

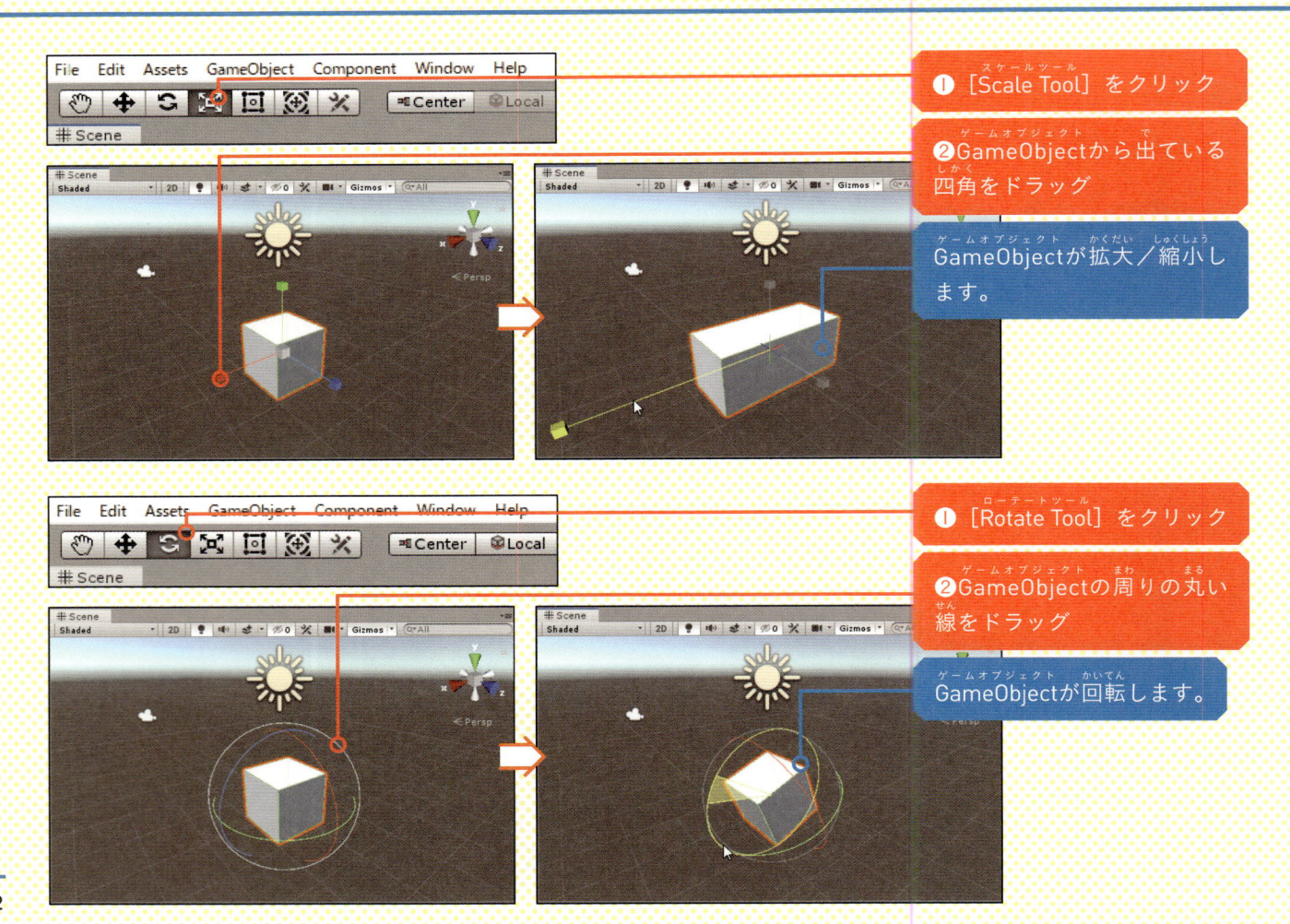

① [Scale Tool] をクリック

②GameObjectから出ている四角をドラッグ

GameObjectが拡大／縮小します。

① [Rotate Tool] をクリック

②GameObjectの周りの丸い線をドラッグ

GameObjectが回転します。

# [Inspector] ウィンドウを使ってみよう

ドラッグで操作するとどうしても正確な位置や大きさにはなりません。正確に操作したい場合は、[Inspector] ウィンドウを使います。

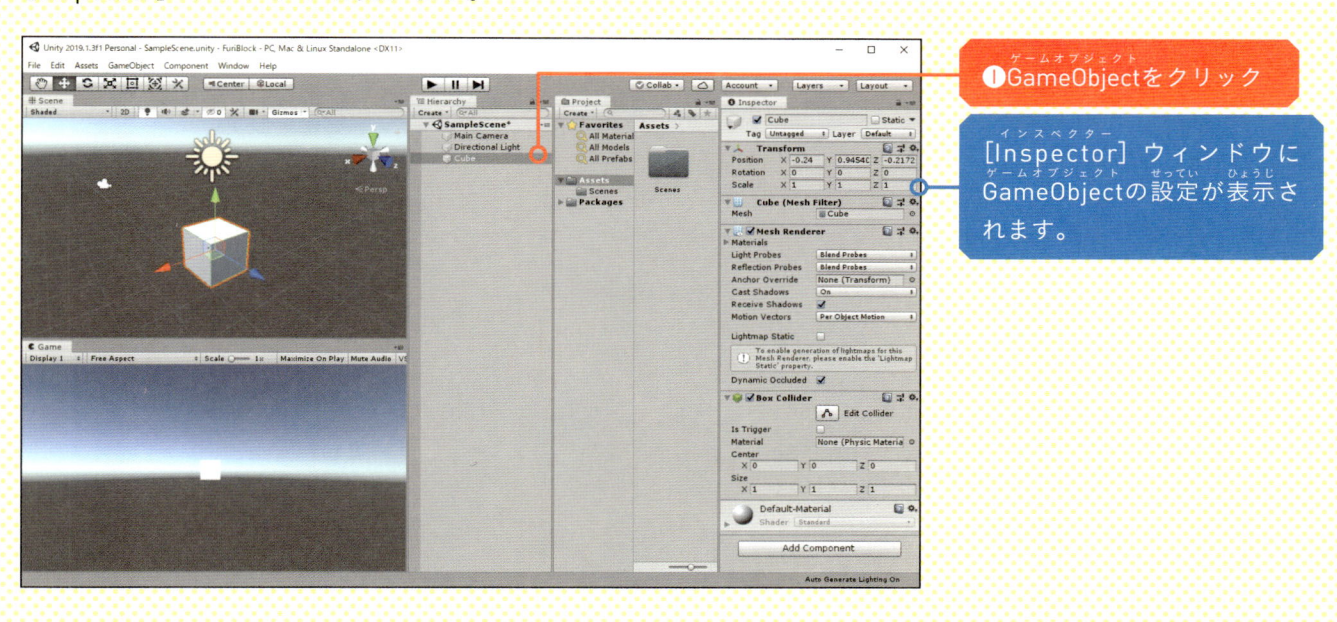

❶GameObjectをクリック

[Inspector] ウィンドウにGameObjectの設定が表示されます。

[Inspector] ウィンドウにはいくつかの設定項目が表示されています。これらをコンポーネントといい、GameObjectにさまざまな機能を与えています。GameObjectの位置やサイズを変えたいときは、Transformコンポーネントを利用します。

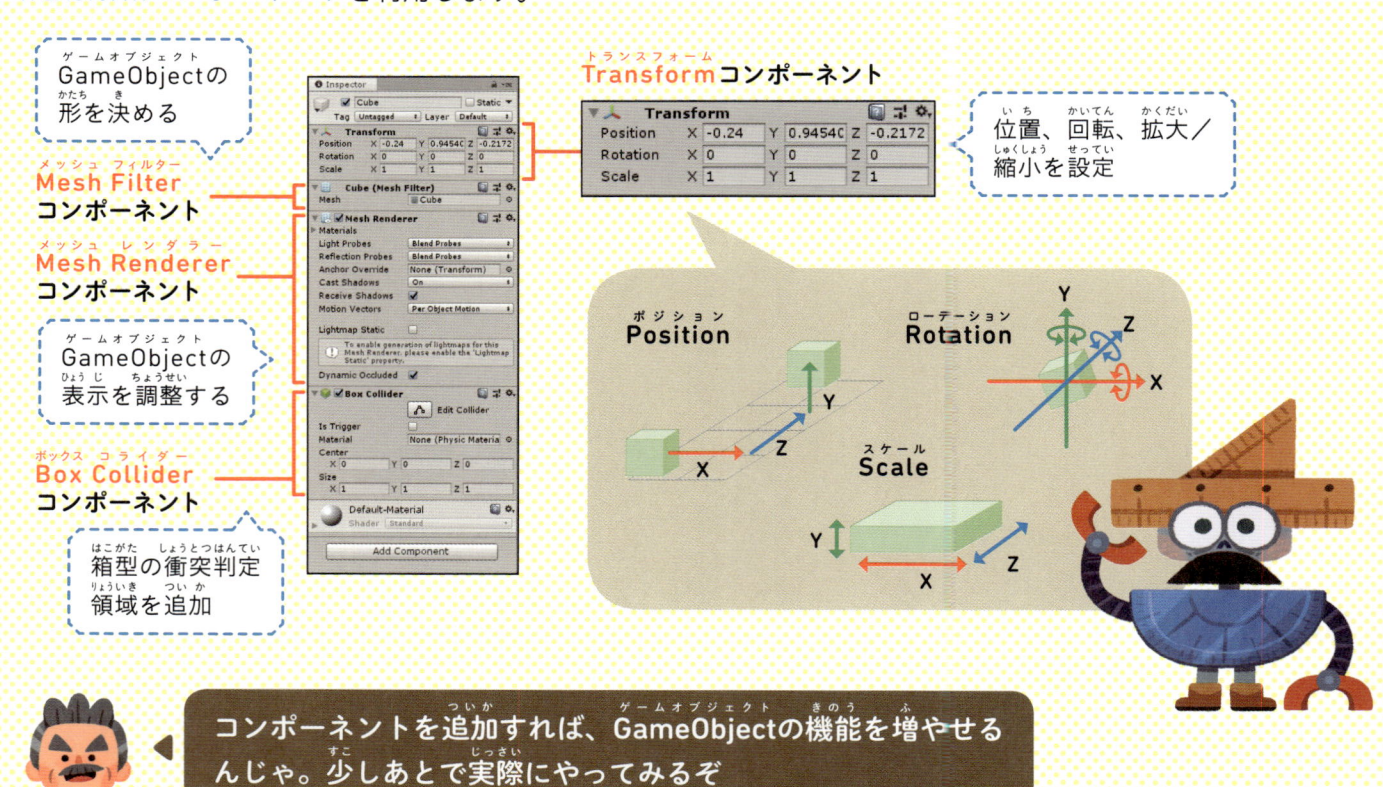

GameObjectの形を決める

Mesh Filter
コンポーネント

Mesh Renderer
コンポーネント

GameObjectの表示を調整する

Box Collider
コンポーネント

箱型の衝突判定領域を追加

Transformコンポーネント

位置、回転、拡大／縮小を設定

Position

Rotation

Scale

コンポーネントを追加すれば、GameObjectの機能を増やせるんじゃ。少しあとで実際にやってみるぞ

# Transformコンポーネントで拡大／縮小する

GameObjectの位置や大きさは、Transformコンポーネントで決められています。Transformコンポーネントの設定を変えてサイズを変更してみましょう。

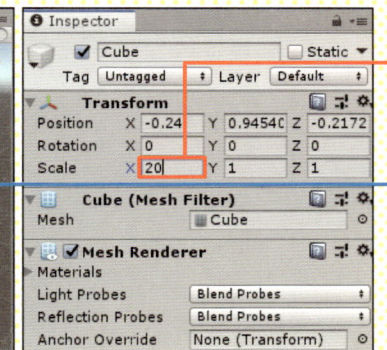

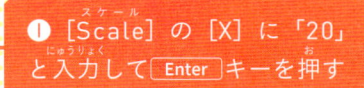❶ [Scale] の [X] に「20」と入力して Enter キーを押す

GameObjectがX方向に拡大します。

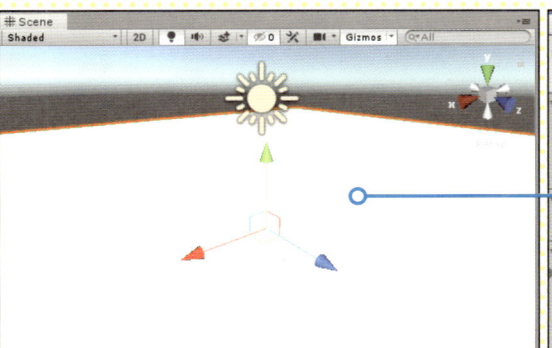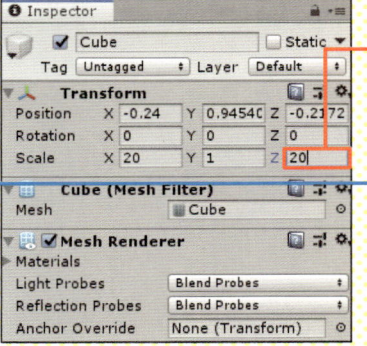

❷ [Scale] の [Z] に「20」と入力して Enter キーを押す

GameObjectがZ方向に拡大します。

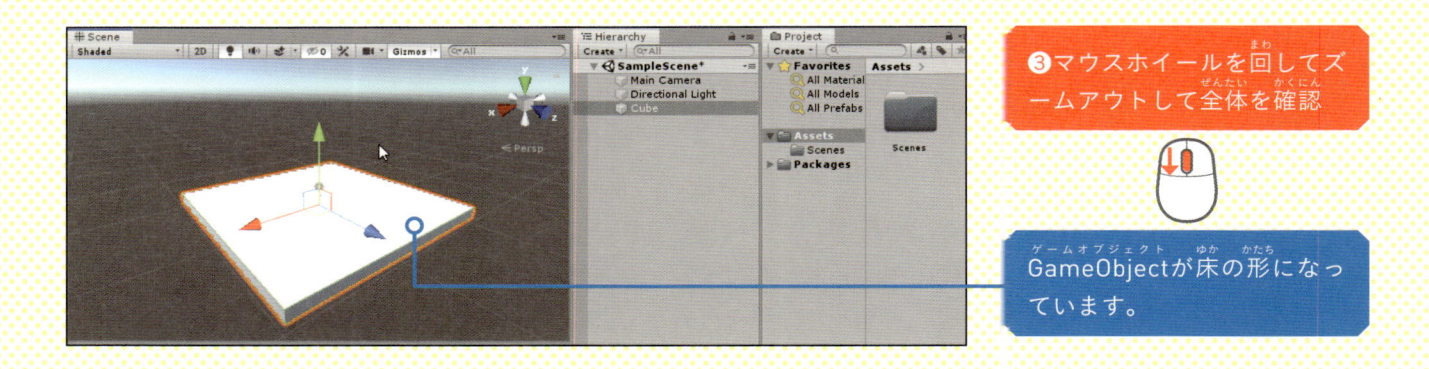

❸マウスホイールを回してズームアウトして全体を確認

GameObjectが床の形になっています。

## 数値を入力して位置を指定する

キューブが正確に3D空間の中央にくるようにしましょう。Transformコンポーネントの [Scale] を利用して拡大/縮小したのと同じように、[Position] を利用して位置を設定します。

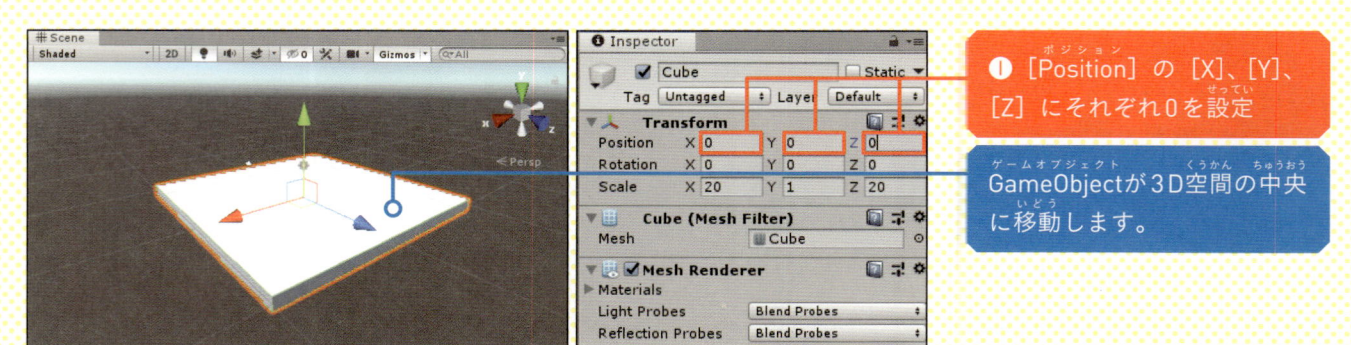

❶ [Position] の [X]、[Y]、[Z] にそれぞれ0を設定

GameObjectが3D空間の中央に移動します。

# ゲームオブジェクトの名前を変更する

[Hierarchy] ウィンドウには、作成したGameObjectの名前が表示されています。先ほど作成したキューブはそのまま「Cube」という名前になっています。床のパーツであることがわかりやすいよう「Ground」という名前に変更しましょう。

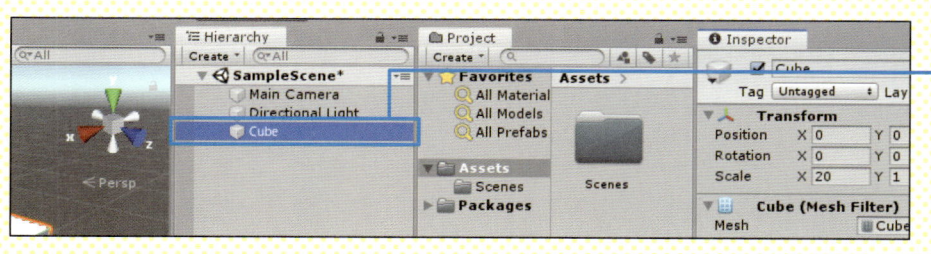

選択状態のGameObjectは色が変わっています。

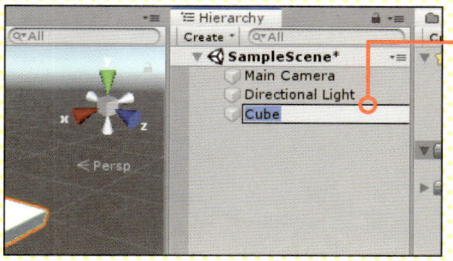
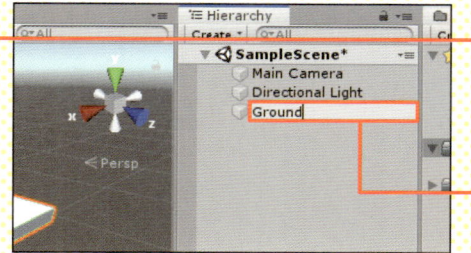

❶Cubeをもう一度クリック

入力できるようになります。

❷「Ground」と入力して Enter キーを押す

ちなみにGroundは地面という意味じゃ

# ◎4 | 床に色を付ける

## Materialを作る

作成した床に色を付けてみましょう。色を付けるには、まずMaterialというものを作ります。Materialは日本語では素材とか原料という意味で、GameObjectオブジェクトの色や輝きを設定したいときに使います。

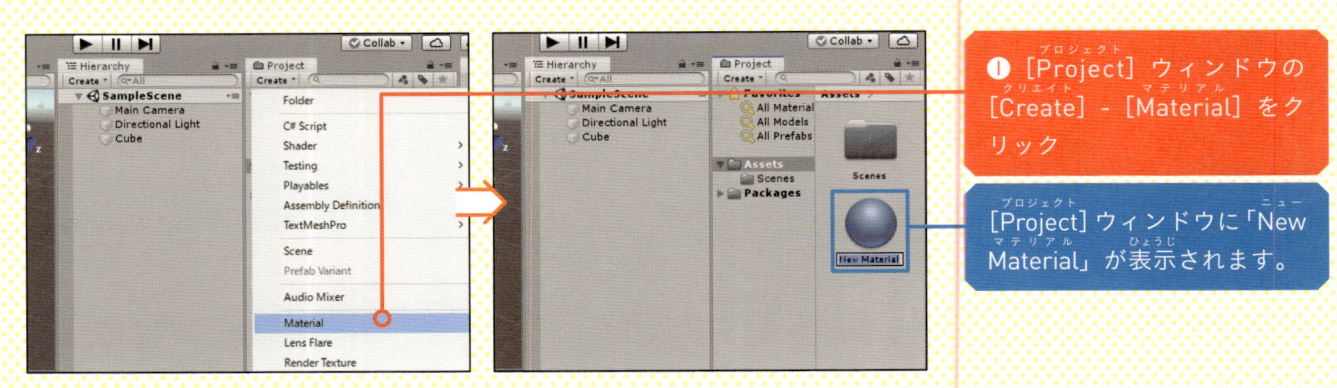

❶ [Project] ウィンドウの [Create] - [Material] をクリック

[Project] ウィンドウに「New Material」 が表示されます。

Materialの名前を入力しましょう。床に付ける色なので、「Ground Color」という名前にします。

❷名前（ここでは「Ground Color」）と入力して Enter キーを押す

## おやつタイム

### ［Project］ウィンドウはいろいろな素材を管理する

　［Project］ウィンドウには、プロジェクトに含まれるさまざまなファイルや設定が表示されます。Materialの他にも、スクリプトやプレハブ（130ページ参照）などが［Project］ウィンドウに表示されます。

　［Project］ウィンドウにはAssetsという名前のフォルダがあります。Assetsは財産という意味で、この中に必要なファイルを入れていきます。

# 光の三原色で色を決めろ！

さてここからMaterialの色を決めていくんじゃが、それには光の三原色を使うんじゃ

光の三原色は、闇の四天王みたいなものかな？

まぁ、似たようなもんじゃ。人間の目には赤、青、緑の3色の光を感知する細胞があるんじゃ。だから3色の光を混ぜれば色が作れるんじゃよ

赤の光

青の光
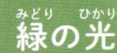

緑の光

# マウスで色を選ぶ

Materialを選択すると[Inspector]ウィンドウにその情報が表示されます。[Albedo]と表示された部分をクリックすると、[Color]ダイアログボックスが表示されて色を選べます。

Albedoとは反射光の色という意味じゃ。太陽の光が物に当たってはね返った光の色ということじゃな

❶先ほど作ったGround Colorをクリック

❷[Albedo]の右にある四角をクリック

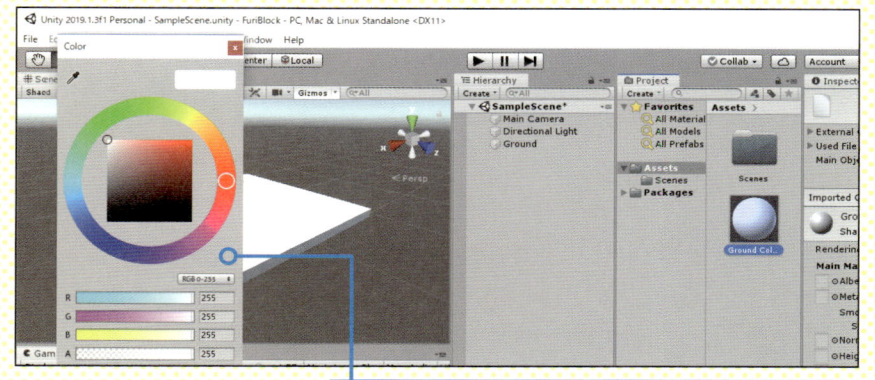

[Color]ダイアログボックスが表示されます。

まずはマウスで色を選ぶ方法を試してみましょう。外側の円で色の種類を選び、内側の四角で明るさと鮮やかさを選びます。

❶使いたい色をクリック

❷四角の中をドラッグして明るさと鮮やかさを選ぶ

色が変わります。左側は変更前の色です。

明るさはわかるけど鮮やかさって何さ？

色の濃さみたいなものかな。鮮やかさが低いと灰色に近づき、鮮やかさが高いと濃い赤や青になるんじゃ

# 数値で色を指定する

ぐりぐりして好きな色を選ぶの楽しいね

色を正確に決めたいときは、光の三原色で数値指定したほうがいいぞ

色の数値指定とは、赤（RedのR）、青（BlueのB）、緑（GreenのG）の3色の明るさを、0～255の数で指定することです。0が一番暗く、255が一番明るくなります。

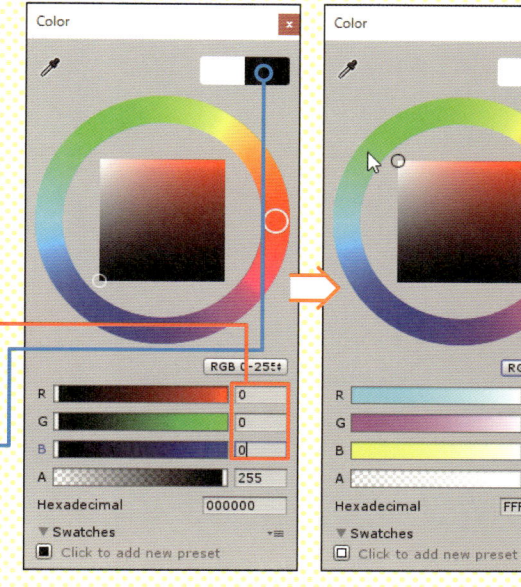

❶ [R][G][B] にそれぞれ「0」を入力

色が黒になります。

❷ [R][G][B] にそれぞれ「255」を入力

色が白になります。

3色とも同じ数にすると灰色になります。今回は緑にしたいので、[G] だけ一番明るい「255」にしましょう。
色が決まったら右上の［×］をクリックしてダイアログボックスを閉じます。

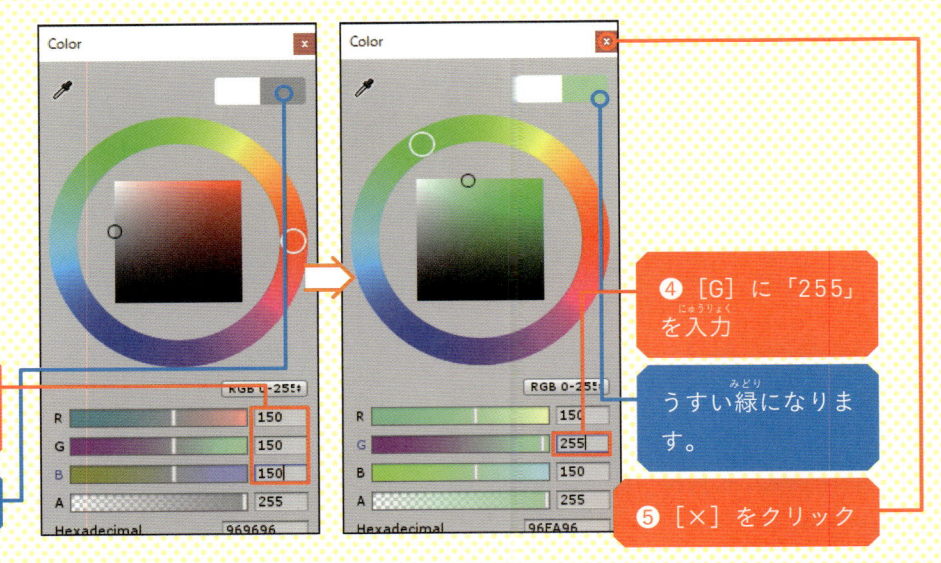

❸ [R][G][B] にそれぞれ「150」を入力

灰色になります。

❹ [G] に「255」を入力

うすい緑になります。

❺ ［×］をクリック

[Color]ダイアログボックスを閉じると、Materialに選んだ色が反映されています。

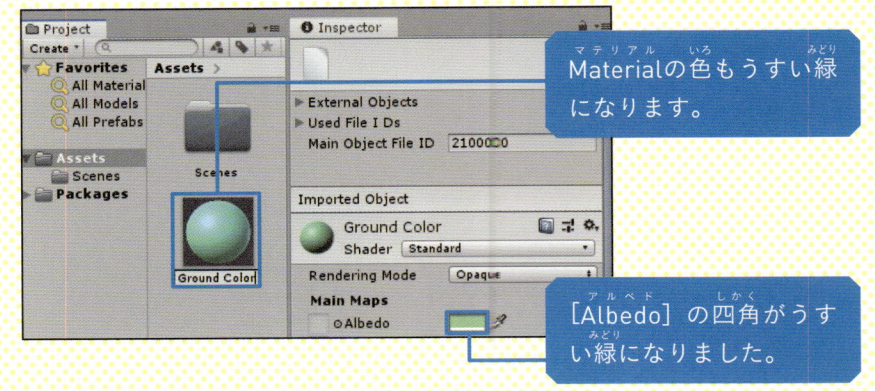

Materialの色もうすい緑になります。

[Albedo] の四角がうすい緑になりました。

最後にMaterialをGameObjectに設定します。うまく反映できれば色が変わります。

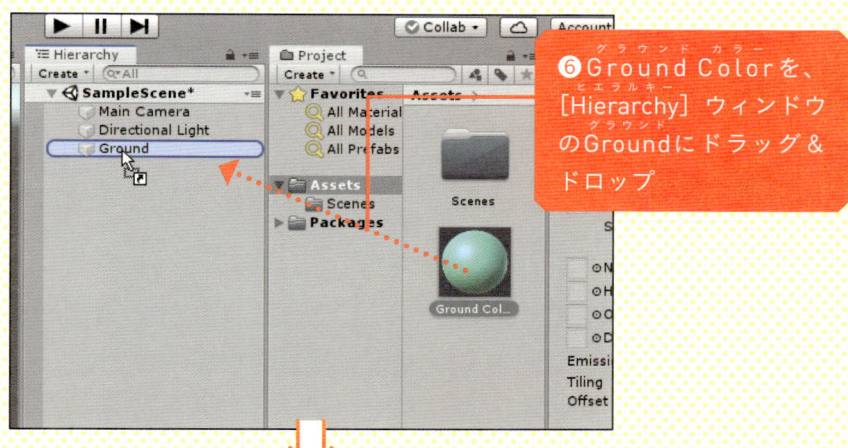

❻Ground Colorを、[Hierarchy] ウィンドウのGroundにドラッグ＆ドロップ

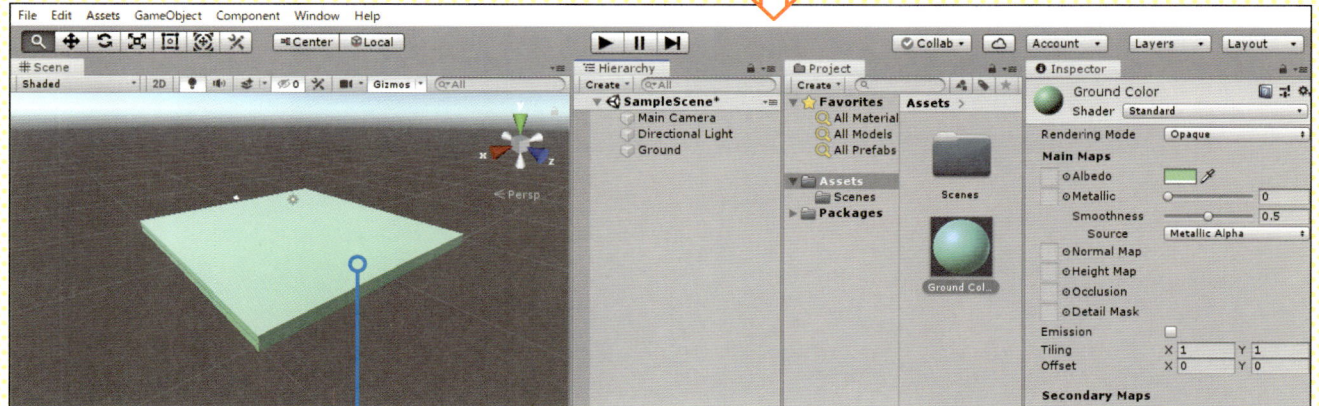

床の色がうすい緑になりました。

# 05 | カメラを移動して真上から見た画面にする

次はカメラを移動して、床を真上から見た画面にしてみよう

カメラ？　どこにあるの？

見つけにくいけど、カメラは最初からあるんじゃよ。そして、カメラから見た景色が ［Game］ビューに表示されるんじゃ

3Dの画面が2つあるのは、そういう違いだったんだ

［Scene］ビュー

［Game］ビュー

# カメラがゲームの画面を決める！

カメラ（Main Camera）はプロジェクトを作ったときからあるGameObjectです。キューブなどと同じように位置や向きを自由に調整できます。カメラから見た状態は［Game］ビューから確認でき、これが実際にゲームで遊ぶときの見え方になります。

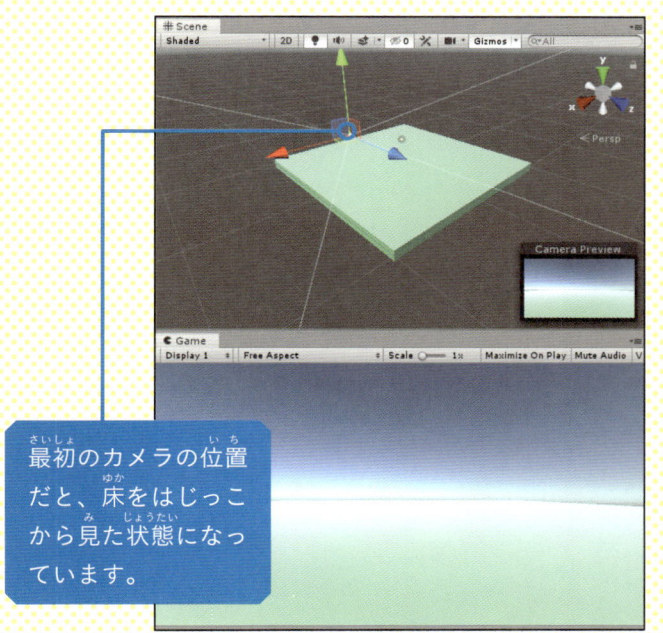

最初のカメラの位置だと、床をはじっこから見た状態になっています。

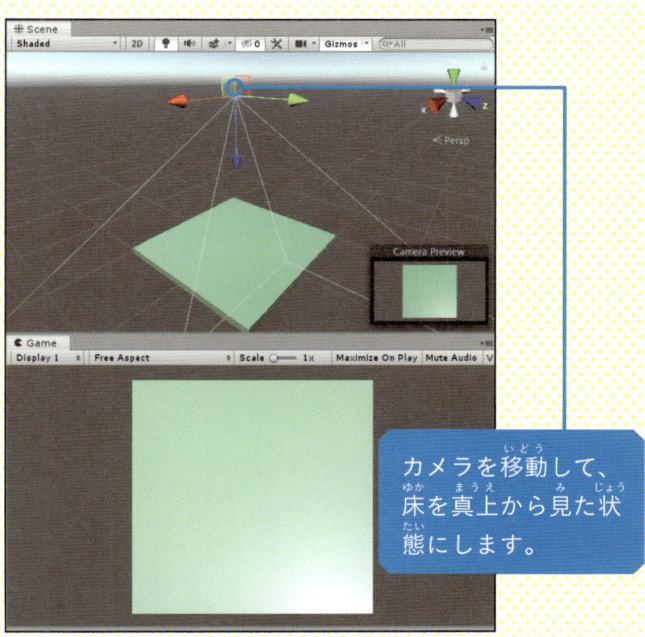

カメラを移動して、床を真上から見た状態にします。

ブロックくずしでは床を真上から見た画面にしたいのでカメラを移動しましょう。

# カメラを動かして視点を変える

Main Cameraは[Scene]ビュー上に小さなアイコンで表示されています。選択しにくいので、[Hierarchy]ウィンドウから選びましょう。

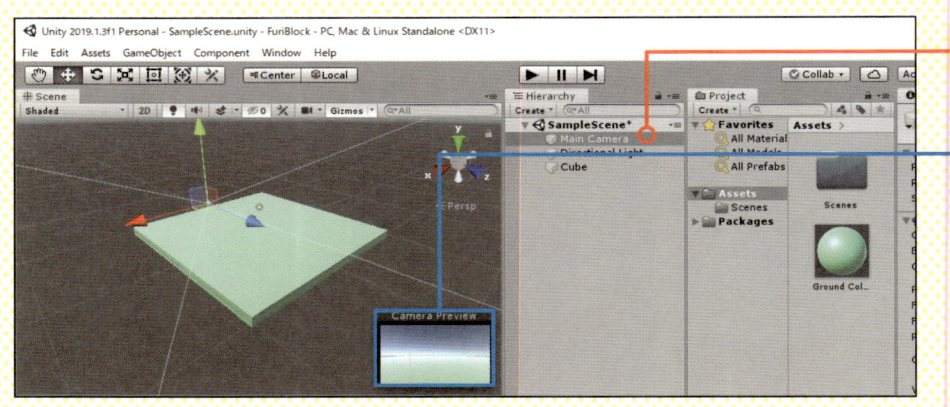

❶Main Cameraをクリック

カメラが選択状態になり、[Camera Preview]が表示されます。

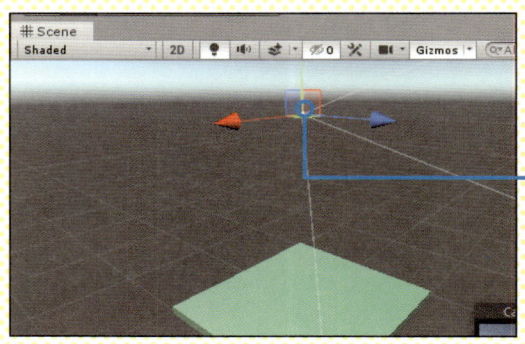

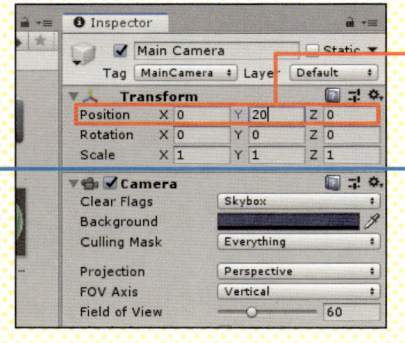

❷[Position]を「X：0、Y：20、Z：20」に設定

カメラが上のほうに移動します。

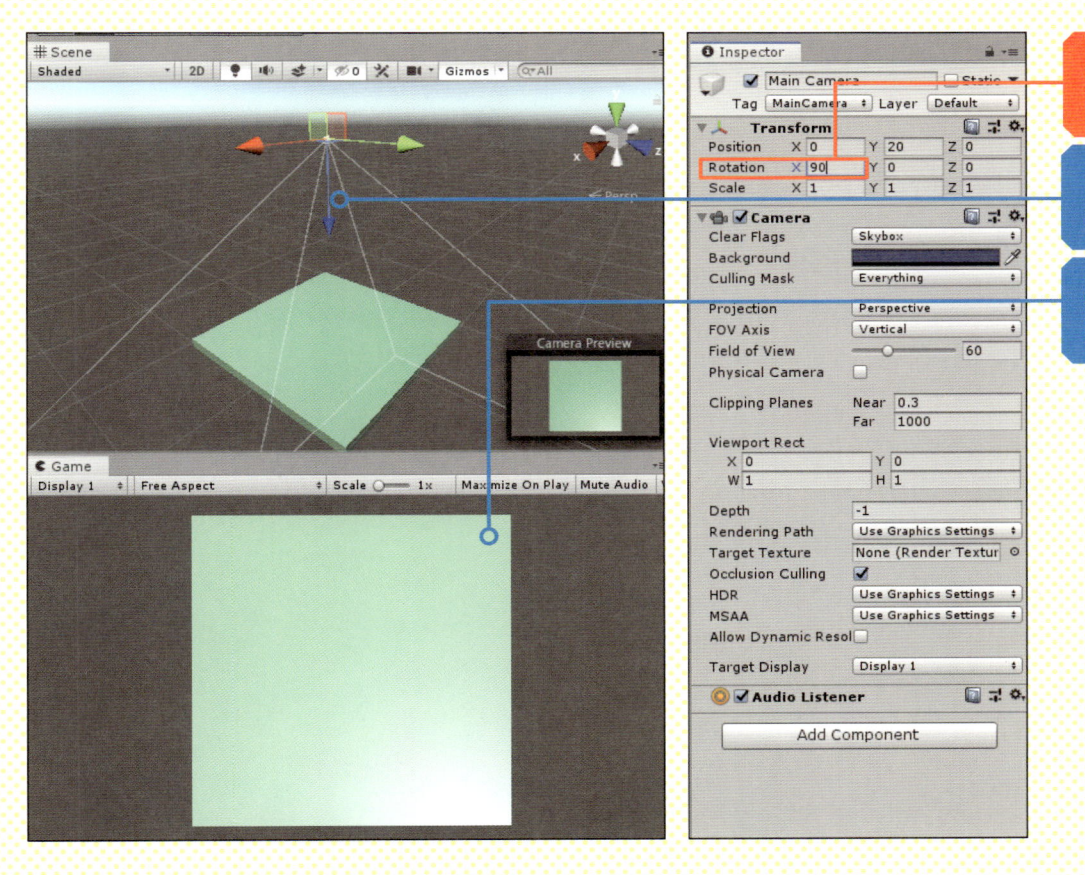

❸ [Rotation] の [X] を90に設定

カメラが90度回転して下を向きます。

床を真上から見た状態になります。

# 06 | 床の周りに壁を作る

今度は床の周りに3つの壁を作ろう。床を作るときとだいたい同じじゃよ

## 壁の位置とサイズを決める

床の位置が（0, 0, 0）で、幅と高さはそれぞれ20です。そして壁の厚さは1です。床の3方向に壁を置くには、XまたはZを9.5ずらせばいいことになります。

Wall 1 は
[Position] X：0、Y：1、Z：9.5
[Scale]　X：20、Y：1、Z：1

Wall 3 は
[Position] X：-9.5、Y：1、Z：0
[Scale]　X：1、Y：1、Z：20

Wall 2 は
[Position] X：9.5、Y：1、Z：0
[Scale]　X：1、Y：1、Z：20

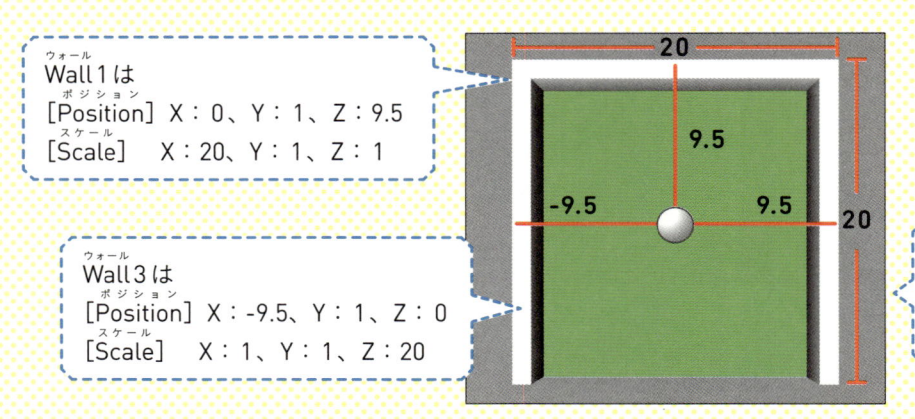

# 壁を1つ作る

まずは [Hierarchy] ウィンドウを使ってキューブを1つ作り、「Wall1」という名前を付けましょう。

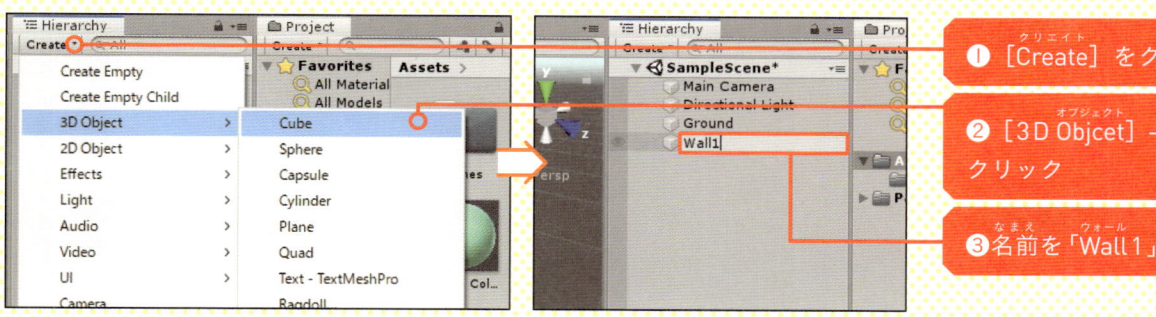

❶ [Create] をクリック

❷ [3D Objcet] - [Cube] をクリック

❸名前を「Wall1」に変更

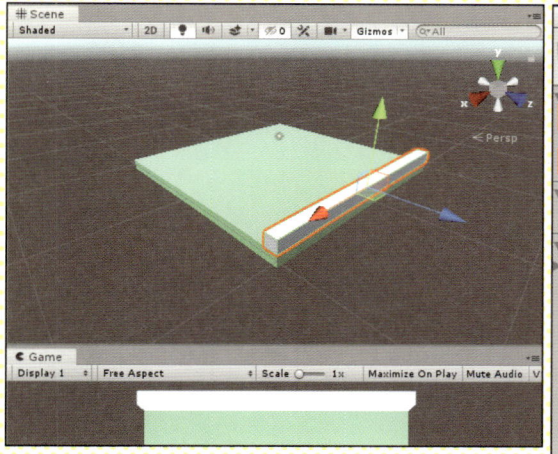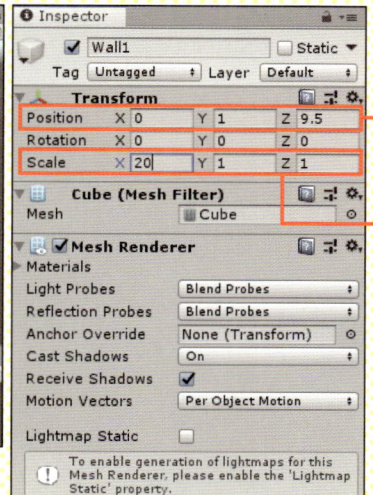

❹Wall1が選択されている状態で、[Position] を「X：0、Y：1、Z：9.5」に設定

❺ [Scale] を「X：20、Y：1、Z：1」に設定

Wall1の位置とサイズが設定されます。

# コピーして壁を増やす

さらに2つの壁を作ります。大きさは同じなのでDuplicate機能を利用してコピーしましょう。

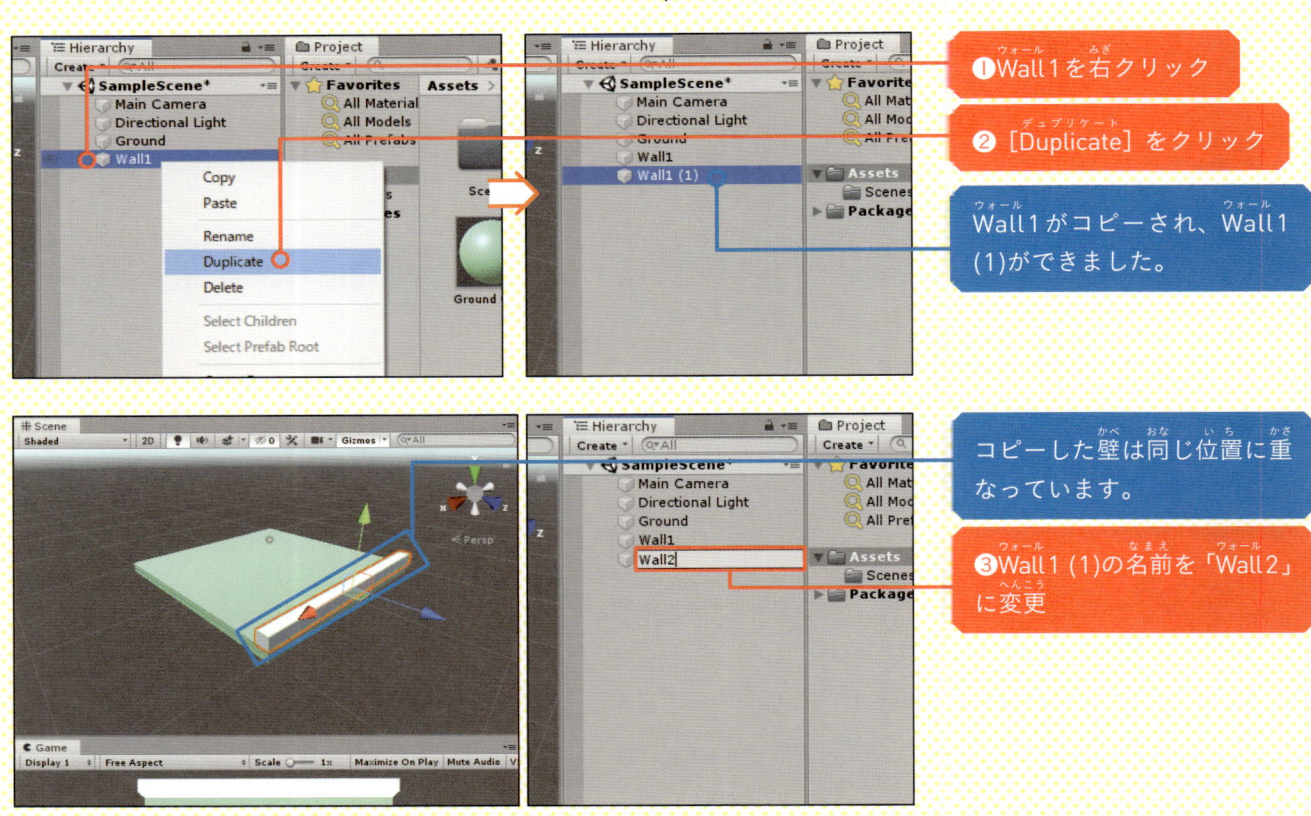

❶Wall1を右クリック

❷[Duplicate] をクリック

Wall1がコピーされ、Wall1 (1)ができました。

コピーした壁は同じ位置に重なっています。

❸Wall1 (1)の名前を「Wall2」に変更

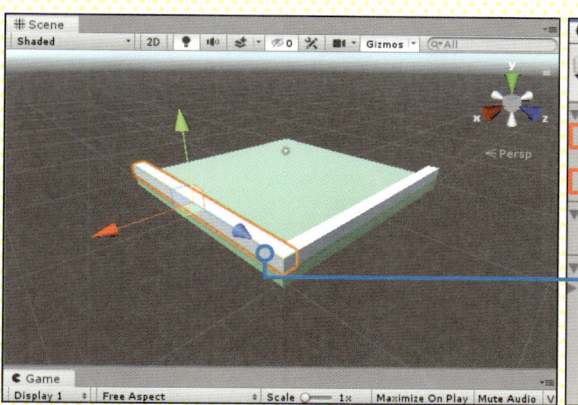

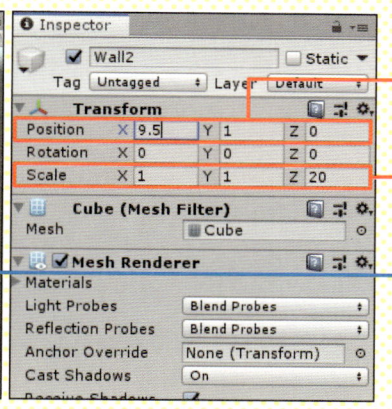

❹Wall2の [Position] を「X：9.5、Y：1、Z：0」に設定

❺ [Scale] を「X：1、Y：1、Z：20」に設定

2つ目の壁ができました。

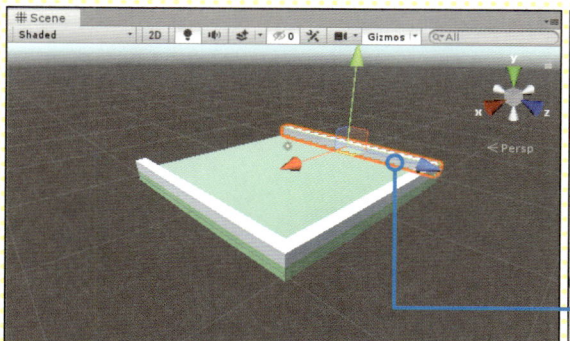

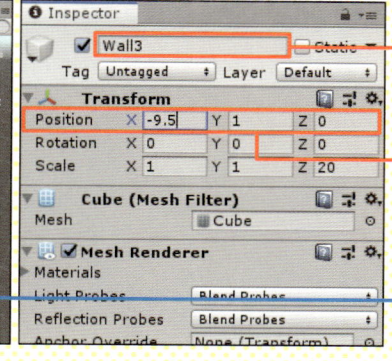

❻同じようにWall2をコピーして名前を「Wall3」に変更

❼Wall3の [Transform] の [Position] を「X：-9.5、Y：1、Z：0」に設定

3つ目の壁ができました。

GameObjectの名前は、[Inspector] ウィンドウの上のほうにある名前が表示されているところでも変更できるぞ

# 07 | ボールを作って転がそう

ここからボールを作っていくんじゃが、これまで作ってきた床や壁と違ってボールは動く。転がってぶつかってはね返ってと、本物のボールみたいに動くんじゃ

へぇ、リアルな動きをするんだ。どうやるの？

ボールにRigidbodyコンポーネントを追加するだけでいいんじゃ。それでボールが物理法則にしたがった動きをするようになる

ボールに力を加えると転がる

コロコロ…

ピョーーン！

板に当たるとはね返る

「物理」って言葉がもう難しいなぁ……

やることはそんなに難しくないから大丈夫じゃよ。それに学校で習う理科や物理の復習にもなるから一石二鳥じゃろ

# スフィアを使ってボールを作る

まずはボールのGameObjectを作りましょう。作り方は床や壁と同じで、Cubeの代わりにSphereを選びます。

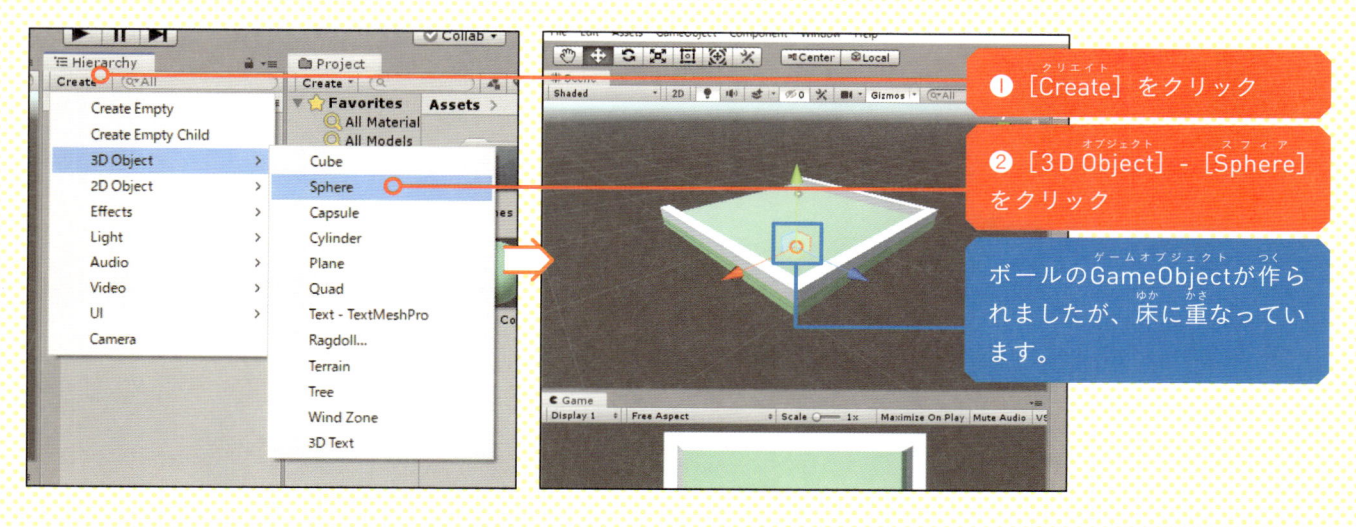

❶ [Create] をクリック

❷ [3D Object] - [Sphere] をクリック

ボールのGameObjectが作られましたが、床に重なっています。

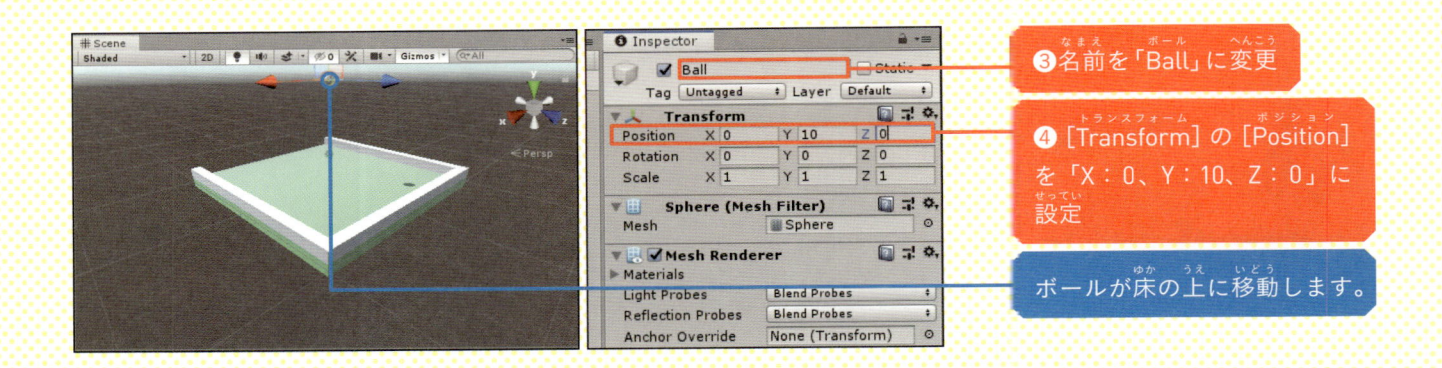

③名前を「Ball」に変更

④ [Transform] の [Position] を「X：0、Y：10、Z：0」に設定

ボールが床の上に移動します。

## Rigidbodyコンポーネントを追加する

続いてRigidbodyコンポーネントを追加して、ボールに「物理法則に沿って動く」機能を追加しましょう。

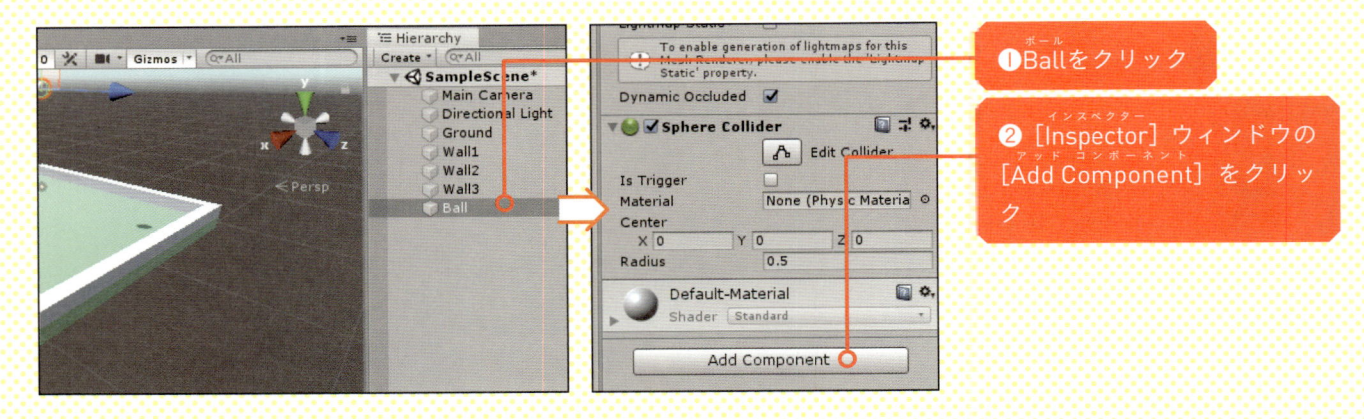

❶Ballをクリック

❷ [Inspector] ウィンドウの [Add Component] をクリック

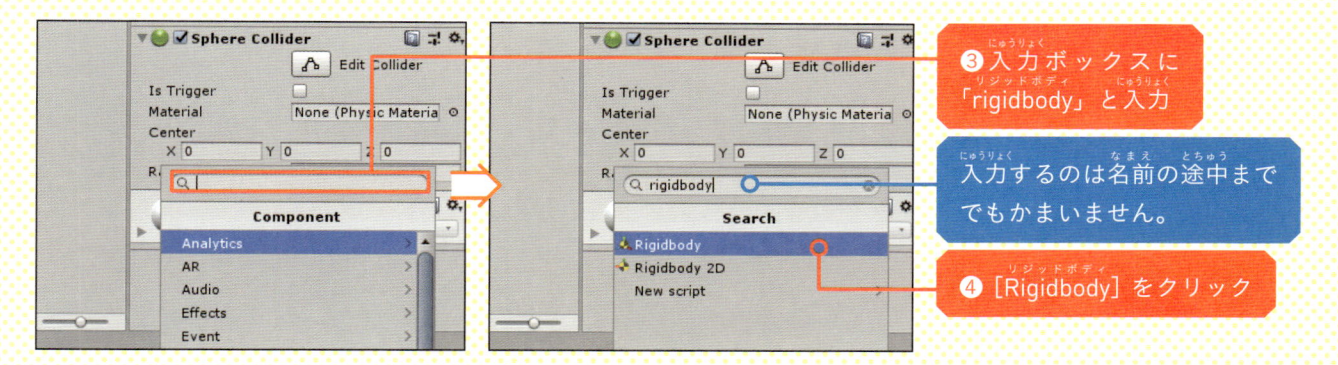

③ 入力ボックスに「rigidbody」と入力

入力するのは名前の途中まででもかまいません。

④ [Rigidbody] をクリック

Rigidbodyコンポーネントが追加されました。

ちなみにRigidbodyは日本語では剛体といい、形が変わらない物体のことじゃ。形が変わらない物体のほうが計算が速いからゲーム向きなんじゃよ

# ゲームを実行する

Rigidbodyコンポーネントの働きはゲームを動かさないと確認できません。[Play]ボタンをクリックしてゲームを実行してみましょう。

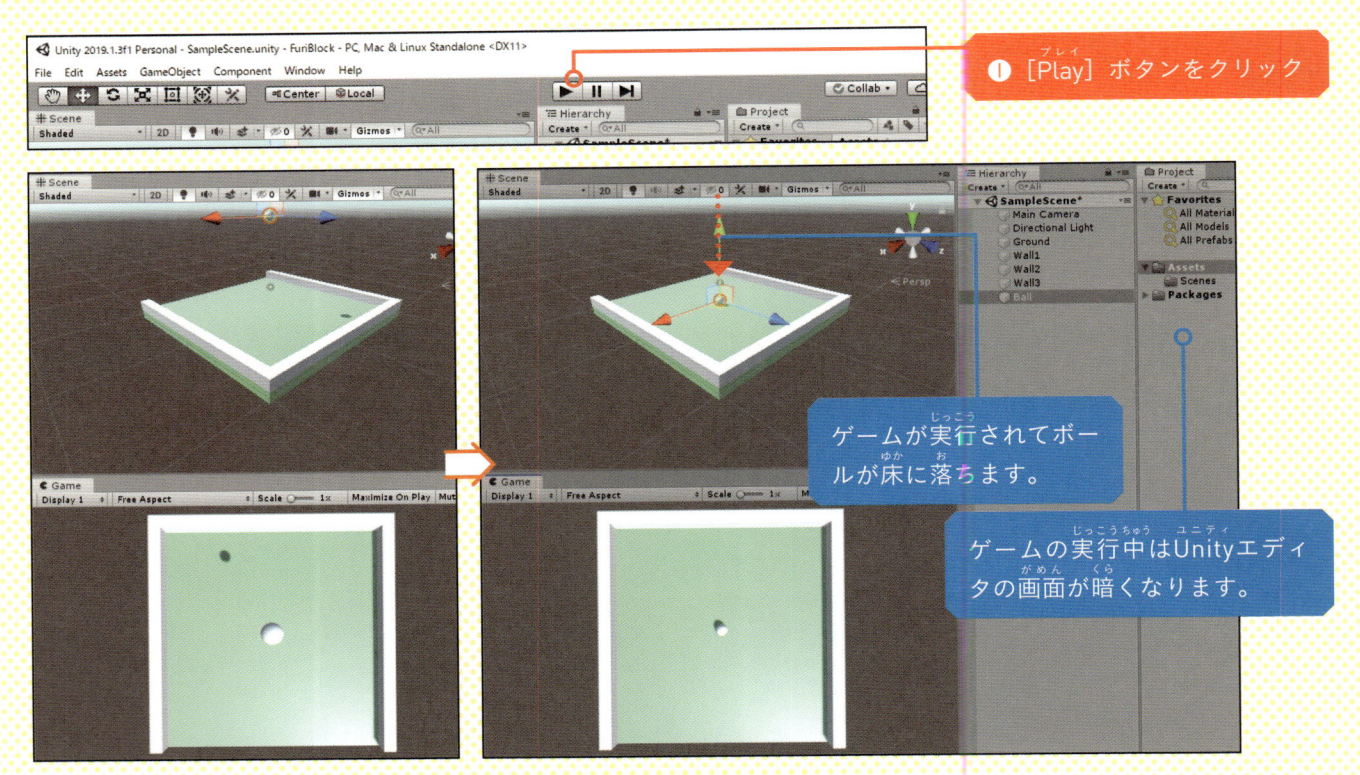

① [Play] ボタンをクリック

ゲームが実行されてボールが床に落ちます。

ゲームの実行中はUnityエディタの画面が暗くなります。

❷もう一度［Play］ボタンをクリック

ゲームの実行が終了し、Unityエディタの画面が明るくなります。

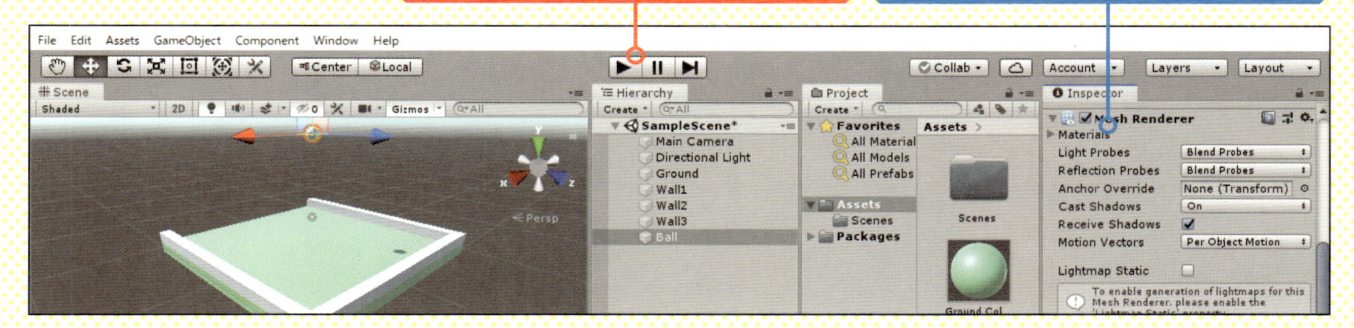

ボールがポトッと落ちたよ。なんで？

重力じゃよ。地球の大いなる力によって地面に引きずりおろされたのじゃ

ふーん、これがRigidbodyコンポーネントの働きなんだね

そう。Rigidbodyコンポーネントを追加したGameObjectは物理法則にしたがって動くから、重力で落ちたり、衝突したらはね返ったりするんじゃよ

# 編集するときは必ずゲームを終了しよう

ゲームの実行中も［Scene］ビューや［Inspector］ウィンドウを使って編集できるんじゃが、ゲームを終了するとゲーム実行前の状態に戻ってしまうんじゃ

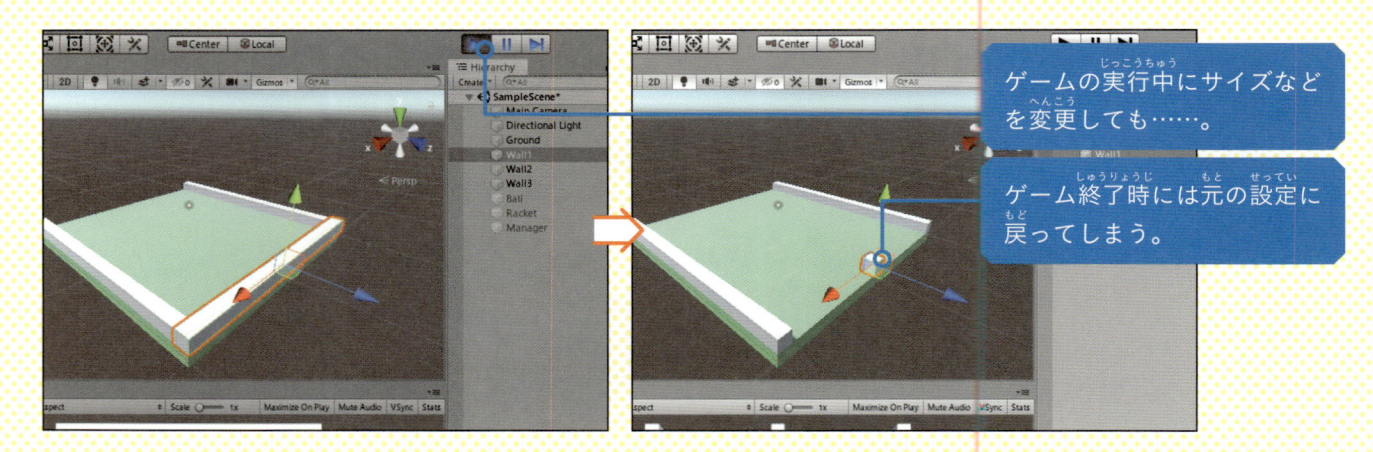

ゲームの実行中にサイズなどを変更しても……。

ゲーム終了時には元の設定に戻ってしまう。

これじゃ大損だね

Unityではよくありがちなミスじゃから、ゲームを実行したら必ず終了してから次の編集をするように注意するんじゃよ

# 続ブロック
# くずしを作ろう
## 〜スクリプトの秘密〜

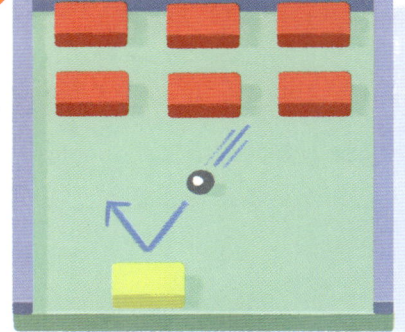

# 01 | スクリプトでボールを動かす

次はスクリプトでボールを転がしてみよう。スクリプトの中身はあとで説明するから、とりあえず説明どおりに入力してくれ

わかった、何も考えないで入力するよ！

考えてもいいんじゃよ

## スクリプトを作成する

Unityのスクリプトは、コンポーネントの一種としてGameObjectに追加します。Rigidbodyコンポーネントと同じく、[Inspector] ウィンドウから追加します。

❶ [Hierarchy] ウィンドウのBallをクリック

❷ [Inspector] ウィンドウの [Add Component] をクリック

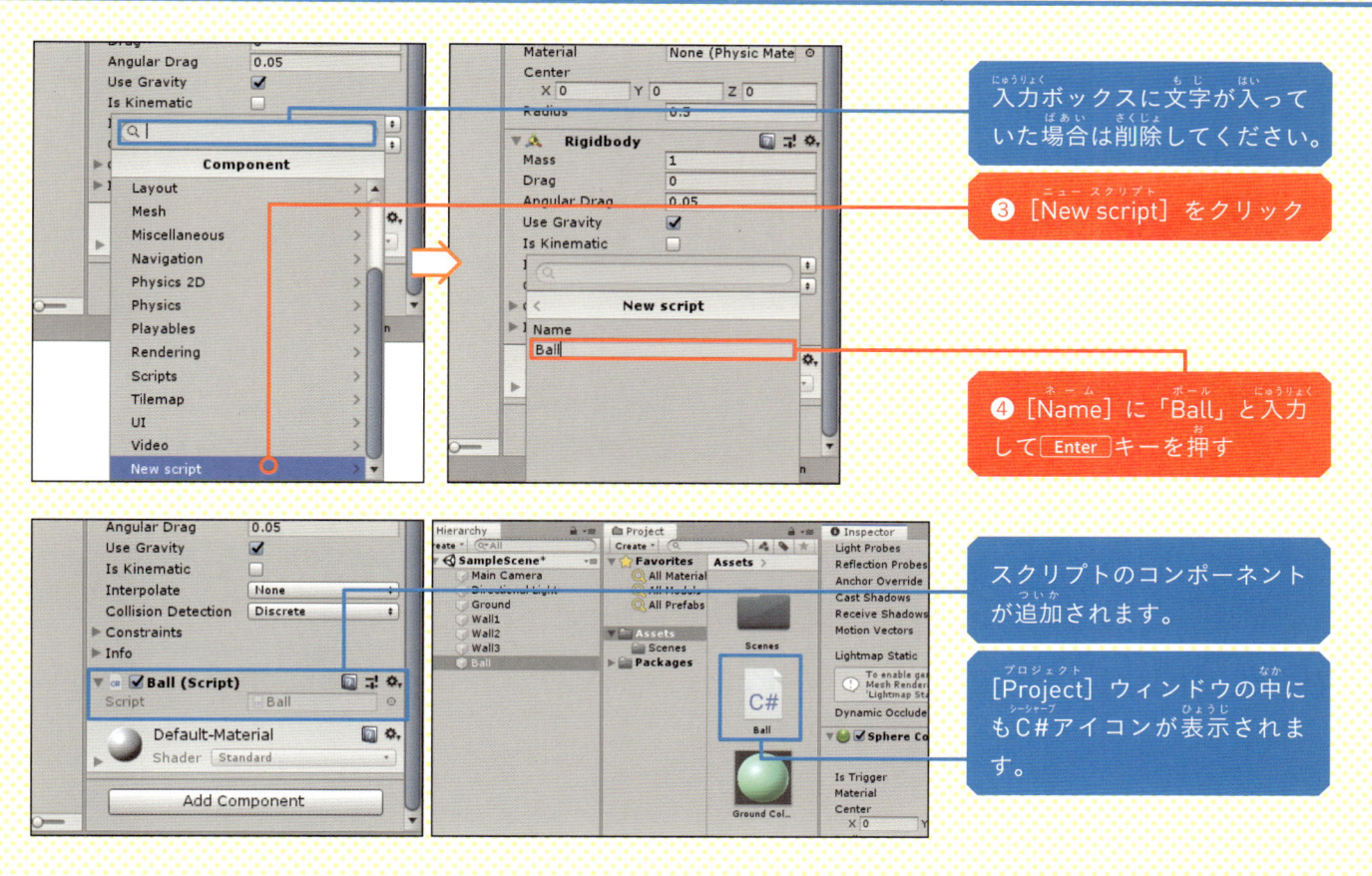

入力ボックスに文字が入っていた場合は削除してください。

❸ [New script] をクリック

❹ [Name] に「Ball」と入力して Enter キーを押す

スクリプトのコンポーネントが追加されます。

[Project] ウィンドウの中にもC#アイコンが表示されます。

スクリプトを作ると、[Project] ウィンドウにスクリプトのファイルが表示されます。「Ball」という名前を付けたので、「Ball.cs」というファイル名になります。

# スクリプトを編集する

スクリプトが追加できたので、その中身をボール用に書き替えていきましょう。スクリプトの編集にはVisual Studioというアプリを使います。

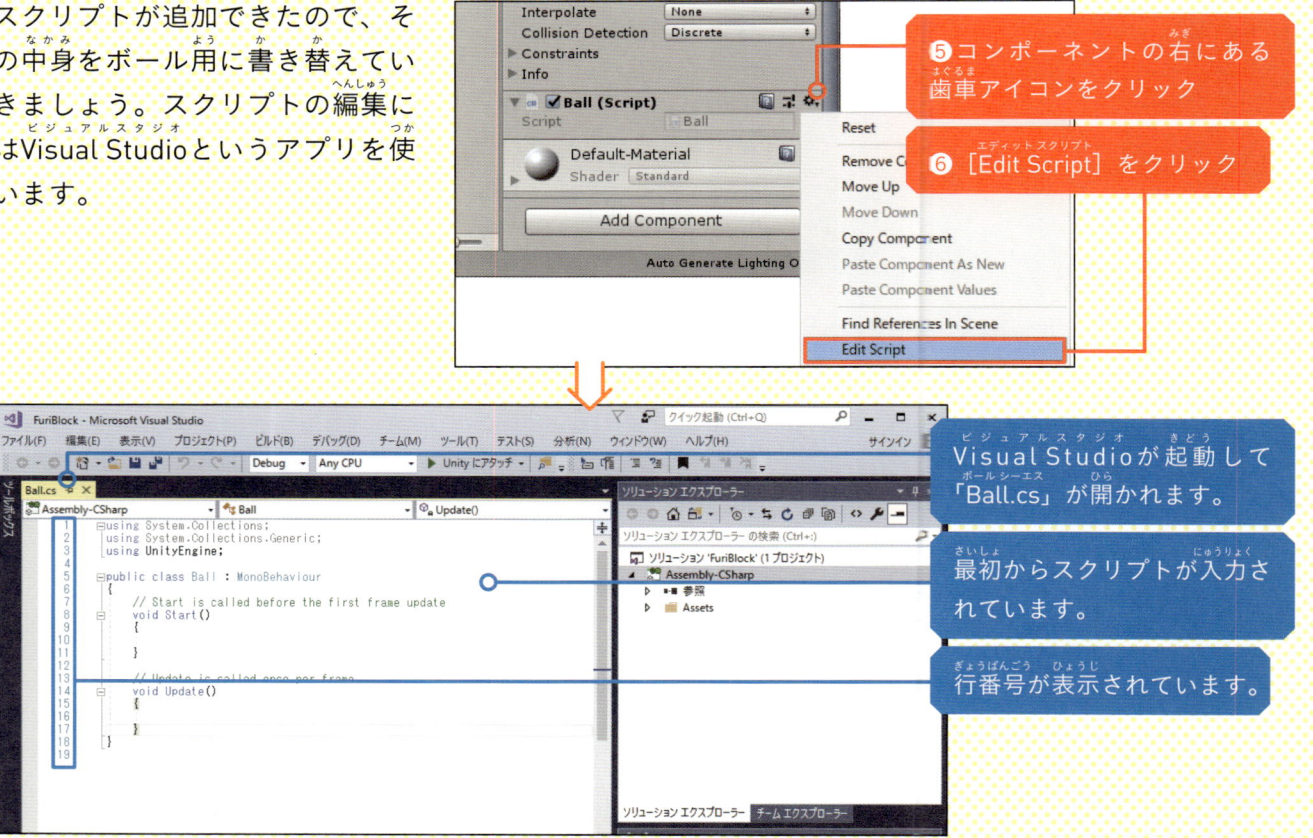

❺ コンポーネントの右にある歯車アイコンをクリック

❻ [Edit Script] をクリック

Visual Studioが起動して「Ball.cs」が開かれます。

最初からスクリプトが入力されています。

行番号が表示されています。

# スクリプトから使わない部分をカットする

最初から入力されているスクリプトは、意味がないわけではありませんが、何もしません。これを書き替えて、ゲームをスタートしたときにボールを転がすようにします。まずはスクリプトの使わない部分を消していきましょう。

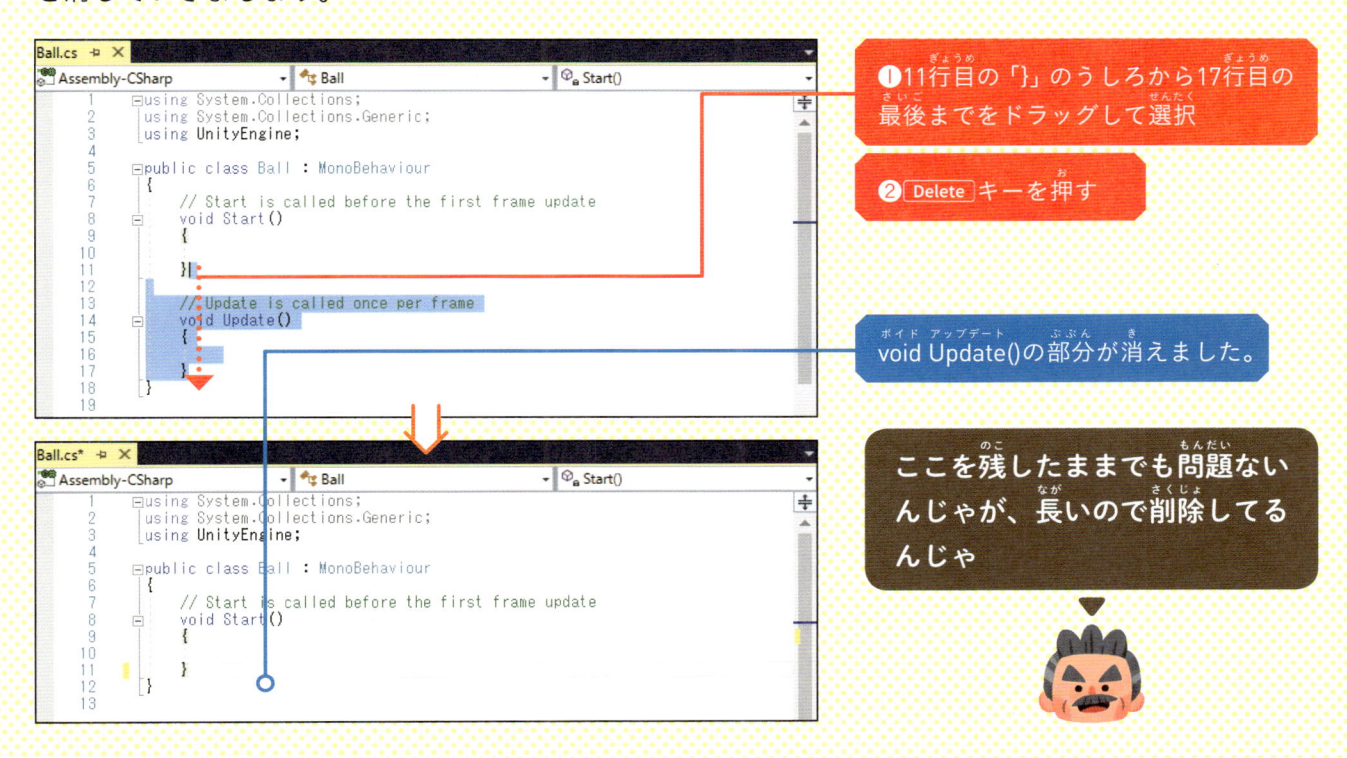

❶11行目の「}」のうしろから17行目の最後までをドラッグして選択

❷ Delete キーを押す

void Update()の部分が消えました。

ここを残したままでも問題ないんじゃが、長いので削除してるんじゃ

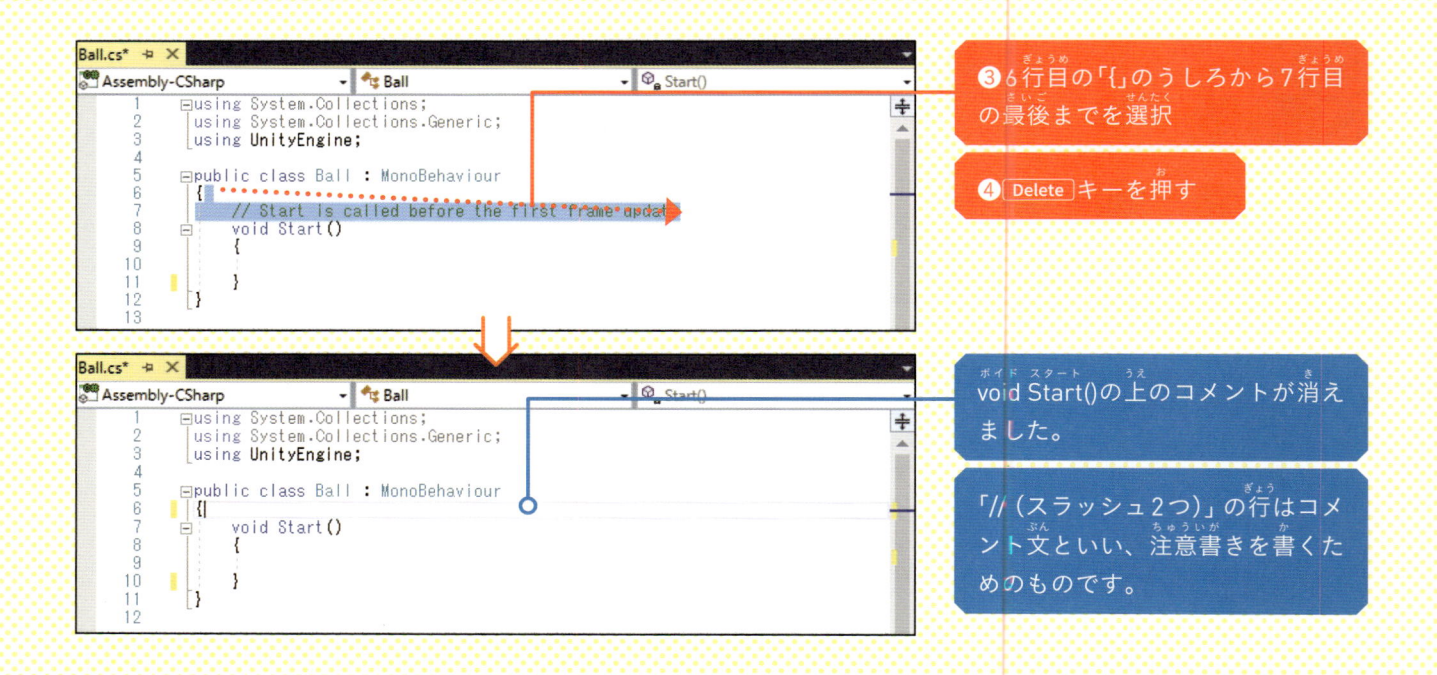

❸6行目の「{」のうしろから7行目の最後までを選択

❹ Delete キーを押す

void Start()の上のコメントが消えました。

「//（スラッシュ2つ）」の行はコメント文といい、注意書きを書くためのものです。

 あっ、間違えて違うところ削除しちゃった。まぁちょっとぐらい違ってもいいか

違ったらダメじゃよ。そういうときは Ctrl + Z キーを押すんじゃ。直前の操作を取り消して、元に戻してくれるぞ

「{（中カッコ）」の前の改行を削除します。この改行はあってもなくてもどちらでもいいのですが、このあとの説明では改行を取っているので、行番号を合わせるために削除してください。

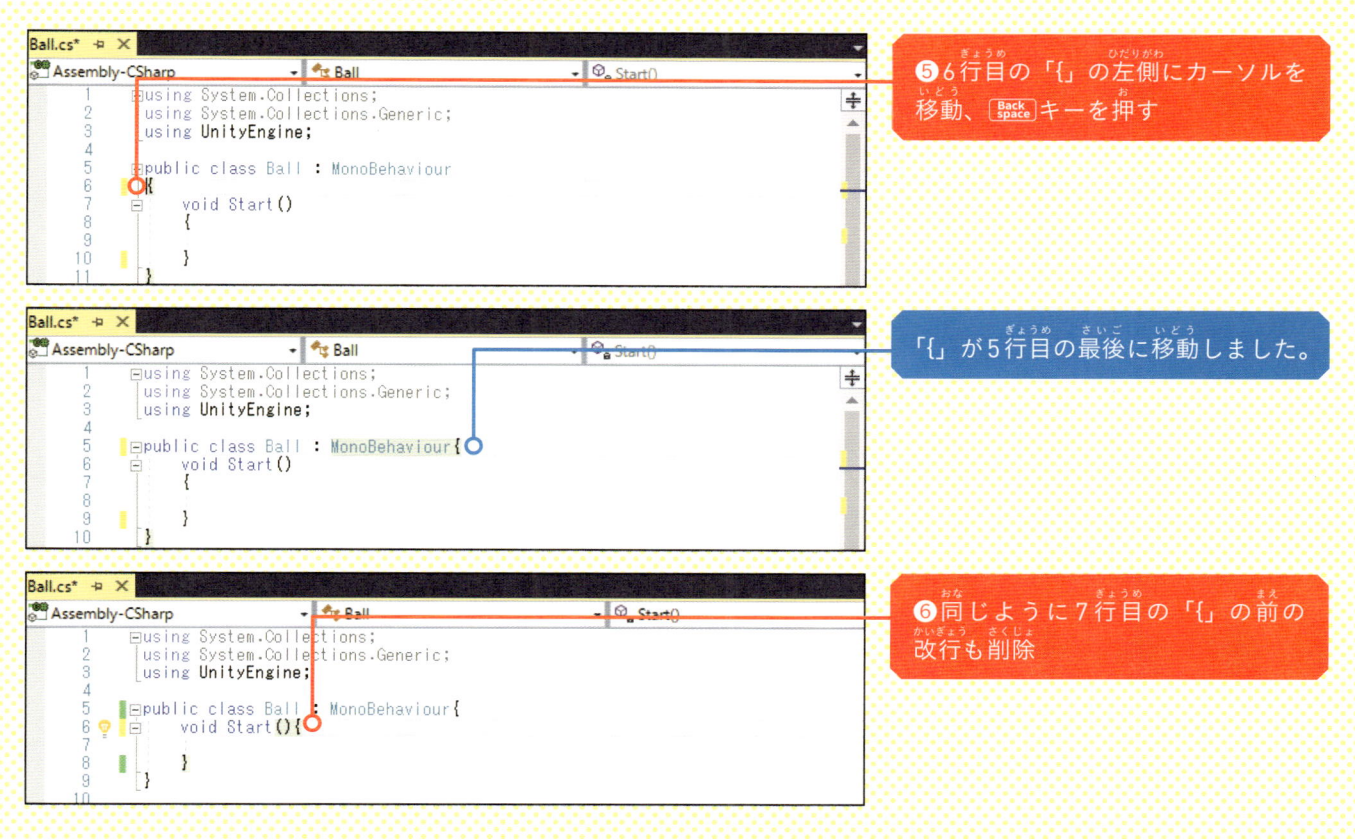

⑤6行目の「{」の左側にカーソルを移動、[Back space]キーを押す

「{」が5行目の最後に移動しました。

⑥同じように7行目の「{」の前の改行も削除

チャプター 3

# スクリプトを書く

{と}の間に、次の3行の文を入力してください。入力するときは[半角/全角]キーを押して半角英数字入力にしてから入力します。英語の大文字／小文字も間違えないよう注意しましょう。

## ■Ball.cs

```csharp
1   using System.Collections;
2   using System.Collections.Generic;
3   using UnityEngine;
4
5   public class Ball : MonoBehaviour {
6       void Start() {
7           Vector3 force = new Vector3(10, 0, 10);
8           Rigidbody rbody = this.GetComponent<Rigidbody>();
9           rbody.AddForce(force, ForceMode.VelocityChange);
10      }
11  }
```

この3行を入力

このスクリプトは、「ゲームをスタートしたときにボールを斜め前に転がす」ためのものじゃ。詳しい意味は84ページで説明するぞ

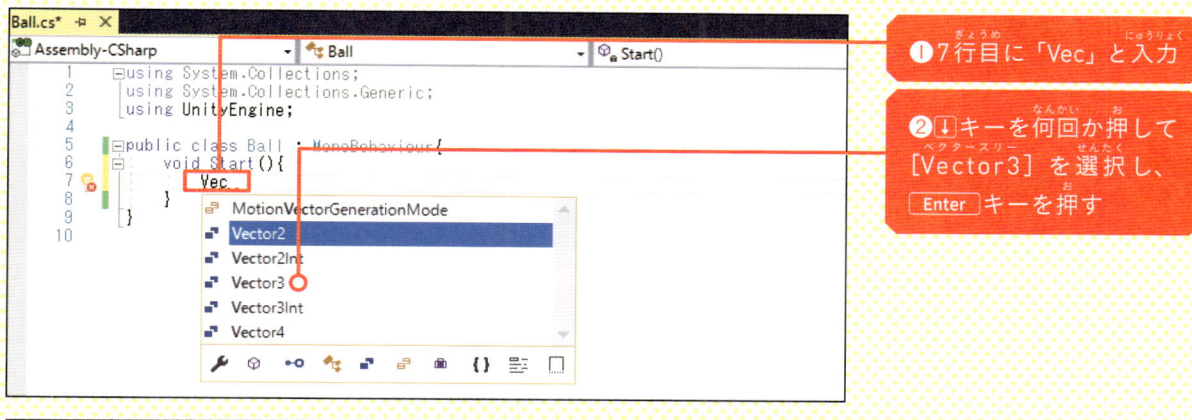

❶7行目に「Vec」と入力

❷↓キーを何回か押して
[Vector3] を選択し、
Enter キーを押す

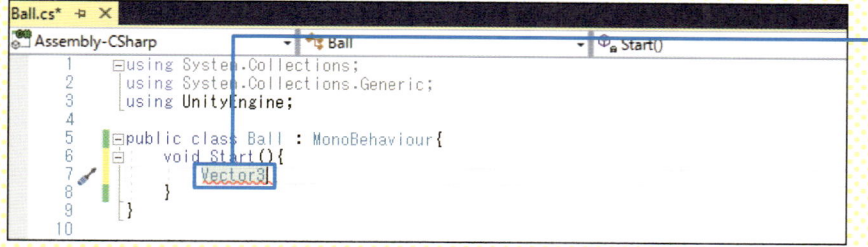

「Vector3」と入力されました。

入力してたら何かビローンって出てきたよ

これは「入力候補」といって、途中まで入力したら続きを予想して教えてくれているんじゃ。無視して入力してもいいけど、うまく使えば間違いが減るぞ

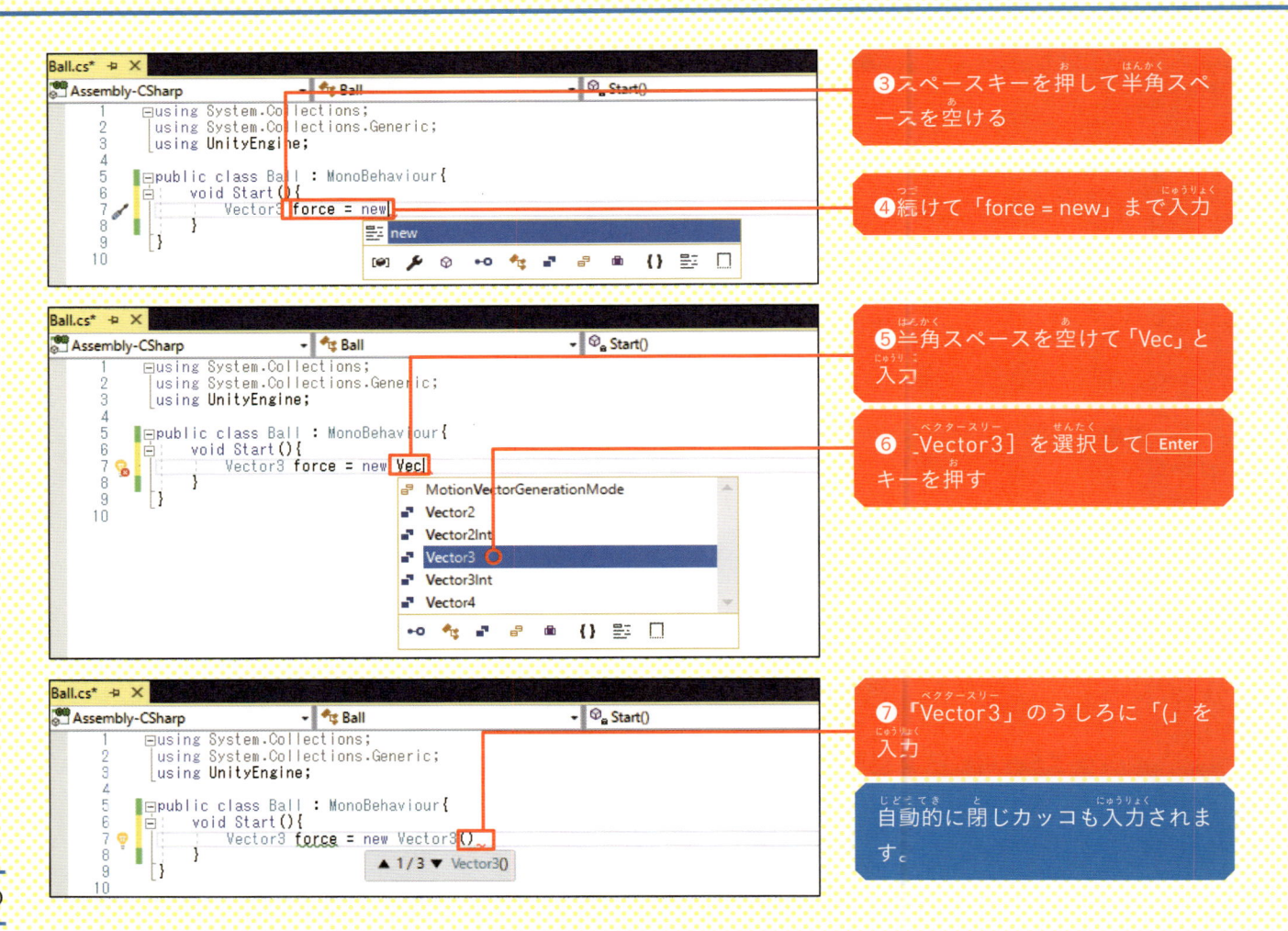

③スペースキーを押して半角スペースを空ける

④続けて「force = new」まで入力

⑤半角スペースを空けて「Vec」と入力

⑥ [Vector3] を選択して[Enter]キーを押す

⑦「Vector3」のうしろに「(」を入力

自動的に閉じカッコも入力されます。

```
Ball.cs* ⊞ ✕
Assembly-CSharp              ▼  🔩 Ball                        ▼  Φ Start()
    1    ⊟using System.Collections;
    2     using System.Collections.Generic;
    3     using UnityEngine;
    4
    5    ⊟public class Ball : MonoBehaviour{
    6    ⊟    void Start(){
    7             Vector3 force = new Vector3(10, 0, 10);|
    8         }
    9     }
   10
```

❽「()」の中に「10, 0, 10」と入力

❾行の最後に移動して「;」を入力

```
Ball.cs* ⊞ ✕
Assembly-CSharp              ▼  🔩 Ball                        ▼  Φ Start()
    1    ⊟using System.Collections;
    2     using System.Collections.Generic;
    3     using UnityEngine;
    4
    5    ⊟public class Ball : MonoBehaviour{
    6    ⊟    void Start(){
    7             Vector3 force = new Vector3(10, 0, 10);
    8
    9         }
   10     }
   11
```

❿ Enter キーを押して改行

```
Ball.cs ⊞ ✕
Assembly-CSharp              ▼  🔩 Ball                        ▼  Φ Start()
    1    ⊟using System.Collections;
    2     using System.Collections.Generic;
    3     using UnityEngine;
    4
    5    ⊟public class Ball : MonoBehaviour{
    6    ⊟    private void Start(){
    7             Vector3 force = new Vector3(10, 0, 10);
    8             Rigidbody rbody = this.GetComponent<Rigidbody>();
    9
   10         }
   11     }
```

⓫8行目に「Rigidbody rbody = this.GetComponent<Rigidbody>();」と入力

⓬ Enter キーを押して改行

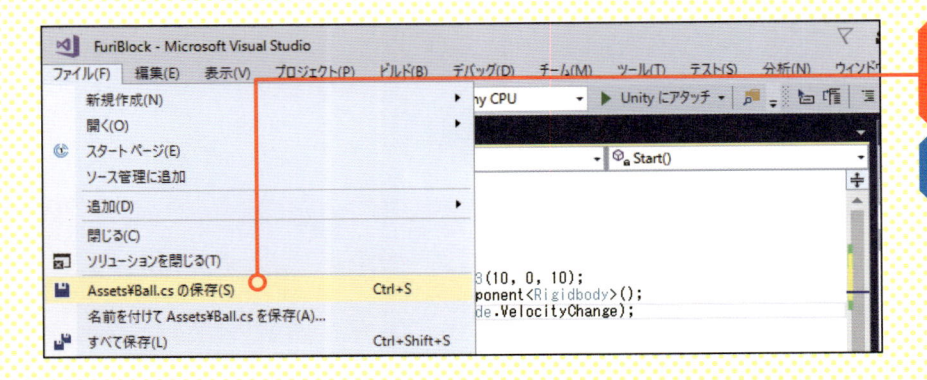

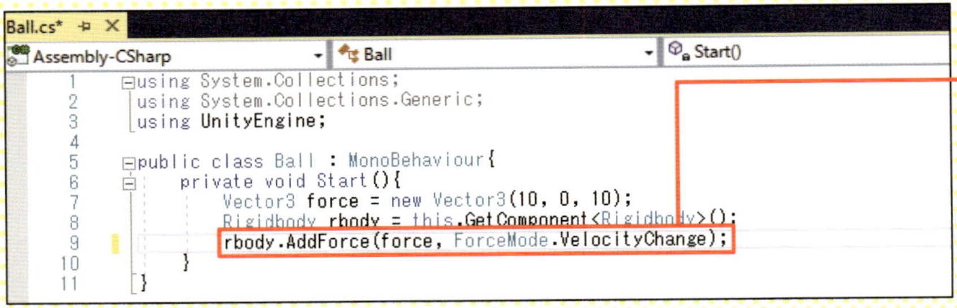

```
Ball.cs*  ╪ ×
Assembly-CSharp          ▼  🔧 Ball                          ▼  ⊕ₐ Start()
     1       ⊟using System.Collections;
     2        using System.Collections.Generic;
     3        using UnityEngine;
     4
     5       ⊟public class Ball : MonoBehaviour{
     6       ⊟    private void Start(){
     7                Vector3 force = new Vector3(10, 0, 10);
     8                Rigidbody rbody = this.GetComponent<Rigidbody>();
     9                rbody.AddForce(force, ForceMode.VelocityChange);
    10            }
    11       }
```

⓭ 9行目に「rbody.AddForce(force, ForceMode.VelocityChange);」と入力

## スクリプトを保存する

```
×∄  FuriBlock - Microsoft Visual Studio
ファイル(F)  編集(E)  表示(V)  プロジェクト(P)  ビルド(B)  デバッグ(D)  チーム(M)  ツール(T)  テスト(S)  分析(N)  ウィンド
    新規作成(N)                    ▶      ny CPU        ▼  ▶ Unity にアタッチ ▼  🔎 ╛  恒   ╤
    開く(O)                      ▶
 ⓒ  スタート ページ(E)                                   ▼  ⊕ₐ Start()
    ソース管理に追加                                                                   ╪
    追加(D)                      ▶
    閉じる(C)
 �🖿 ソリューションを閉じる(T)                   3(10, 0, 10);
 💾  Assets¥Ball.cs の保存(S)        Ctrl+S     ponent<Rigidbody>();
    名前を付けて Assets¥Ball.cs を保存(A)...          de.VelocityChange);
 ⮍  すべて保存(L)                  Ctrl+Shift+S
```

❶ [ファイル] - [Assets¥Ball.cs の保存] をクリック

ファイルが上書き保存されます。

ファイルは Ctrl + S キーを押しても保存できるぞ。保存していないスクリプトはゲームに反映されないから、小まめに保存するクセを付けよう

# ゲームを実行して確認しよう

スクリプトはゲームの中で実行されます。Unityエディタに戻って、ゲームを動かして確認しましょう。

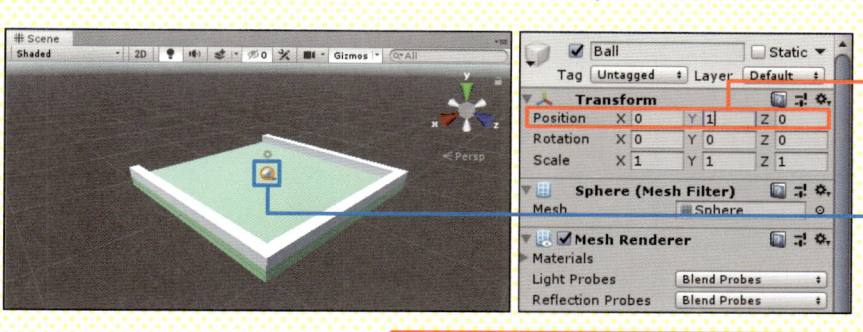

❶Ballの [Position] を「X：0、Y：1、Z：0」に設定

ボールが床に置かれた状態になりました。

❷ [Play] ボタンをクリック

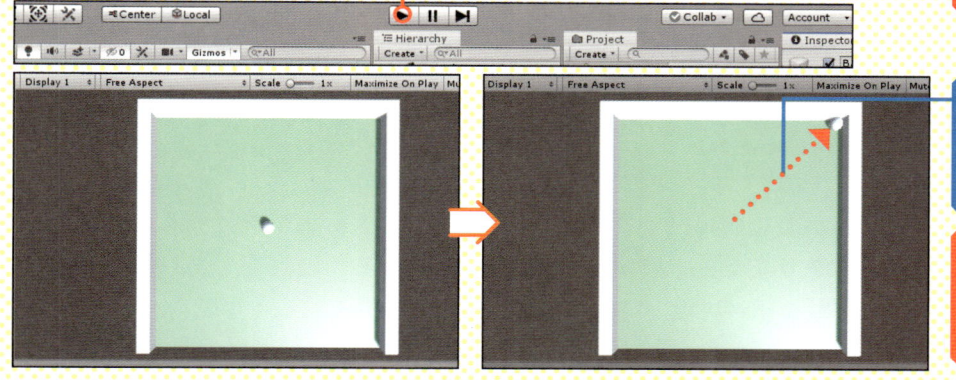

床の中央から斜め前にボールが転がり、壁に当たって止まります。

❸確認したらもう一度[Play] ボタンをクリックしてゲームを終了

あ、ボールが動いた。でもすぐ止まった

# 02 | 転がり続けるボールにする

ボールが壁にぶつかるとすぐに止まっちゃうね。これでいいの？

リアルな動きだから間違いじゃない。でも、ブロックくずしはボールがいつまでも転がり続けるゲームだからね。物理法則を曲げてみるか

物理法則を曲げる？　何いってるの、この博士

## ボールが永久に転がるようにするには

現実の世界では、ボールが壁にぶつかったときに勢いが弱まるので、永久に転がり続けることはありません。しかし、Unityの世界は現実ではありません。現実と似た動きになるように計算しているだけなので、設定を少し変えれば永久に止まらないボールにすることができます。

ボールがぶつかったときの動きを変えるには、Physic Materialというものを作ってボールに設定します。前に作ったMaterialは色などの見た目を変えるものでしたが、Physic Materialは物理的な性質を変えます。

# Physic Materialを作る

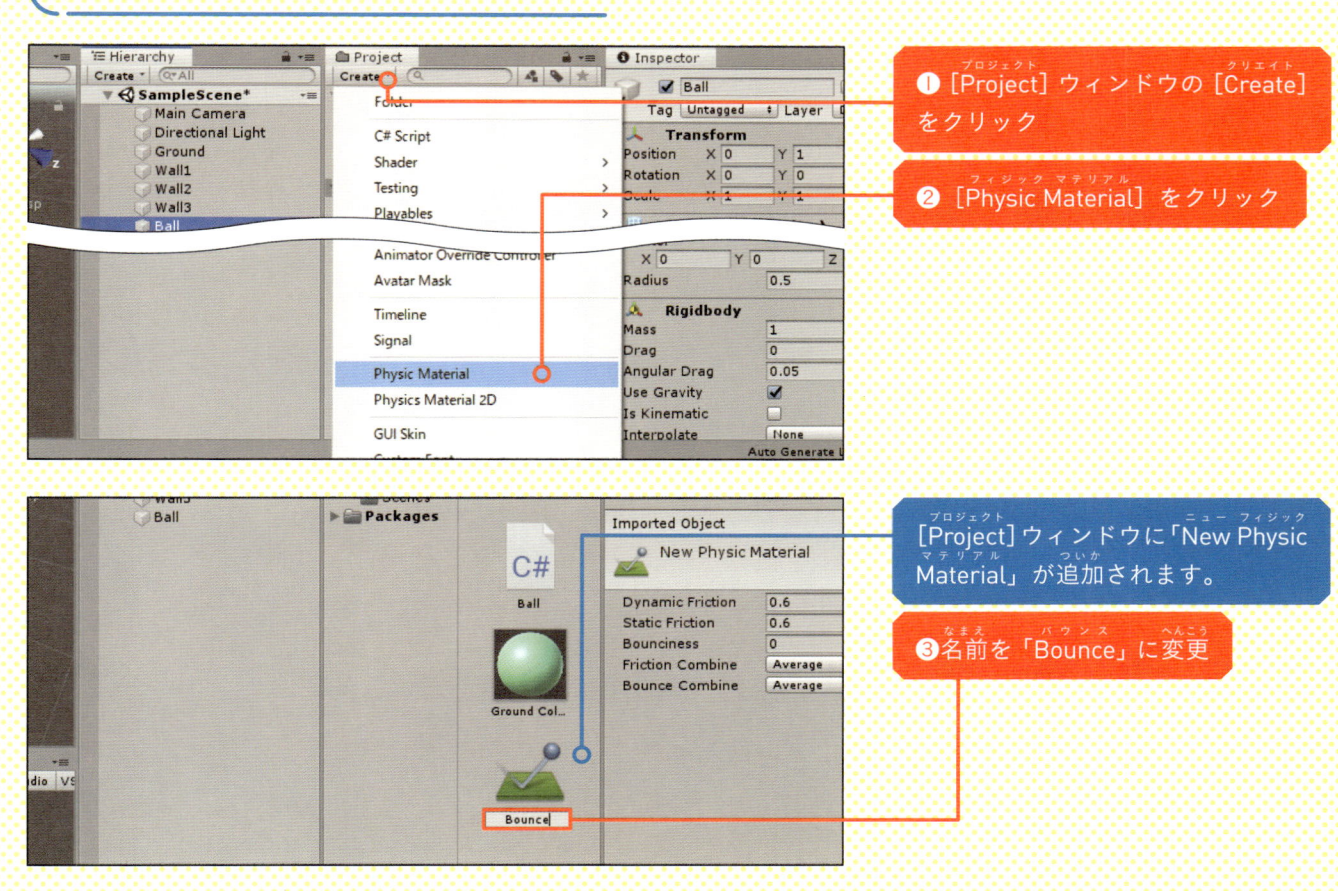

❶ [Project] ウィンドウの [Create]
をクリック

❷ [Physic Material] をクリック

[Project] ウィンドウに「New Physic
Material」が追加されます。

❸名前を「Bounce」に変更

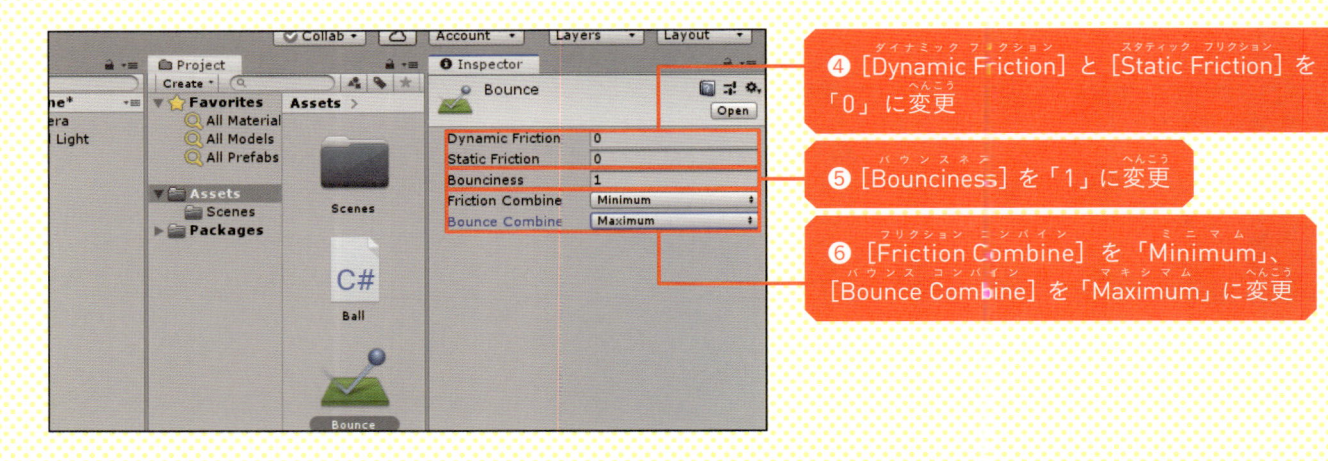

④ [Dynamic Friction] と [Static Friction] を「0」に変更

⑤ [Bounciness] を「1」に変更

⑥ [Friction Combine] を「Minimum」、[Bounce Combine] を「Maximum」に変更

設定がいろいろあるが、Frictionは「まさつ」、Bouncinessは「はね返り」という意味だと覚えておけばいいじゃろう

「まさつ」を0にするとツルツルになって転がりやすくなるよね。「はね返り」を1にするのは何の意味だろ？

「はね返り」はぶつかったときに、どれぐらい勢いが弱まるかを表しているんじゃ。1より小さい0.9や0.8にすると、ぶつかるたびに少しずつ勢いが弱くなっていく。1の場合は勢いは変わらない

フリクション
Friction（まさつ）を0や
ミニマム
Minimumにする

バウンスネス
Bounciness（はね返り）を
マキシマム
1やMaximumにする

な〜るほど、ツルツルにして遅くならないようにして、ぶつかっても勢いが弱まったりしないようにするってことか

## フィジック マテリアル ゲーム オブジェクト せってい
# Physic MaterialをGameObjectに設定する

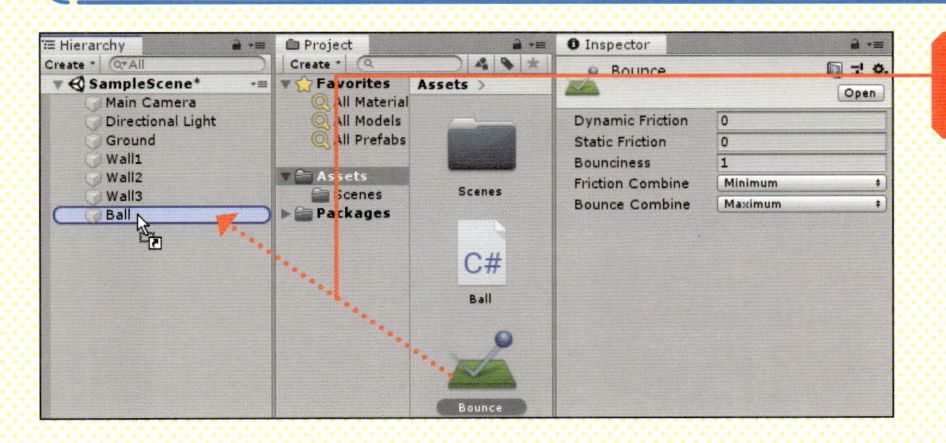

バウンス ボール
❶BounceをBallにドラッグ＆
ドロップ

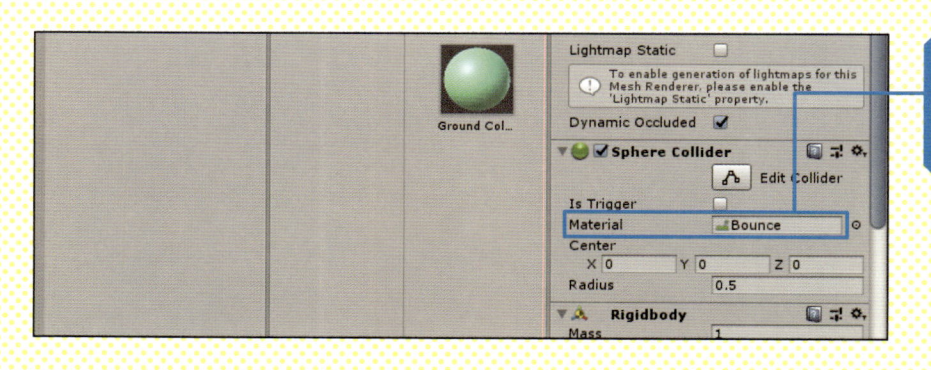

Ballの [Sphere Collider] コンポーネントを見ると、[Material] に「Bounce」が設定されています。

ゲームを実行してどうなるか試してみましょう。

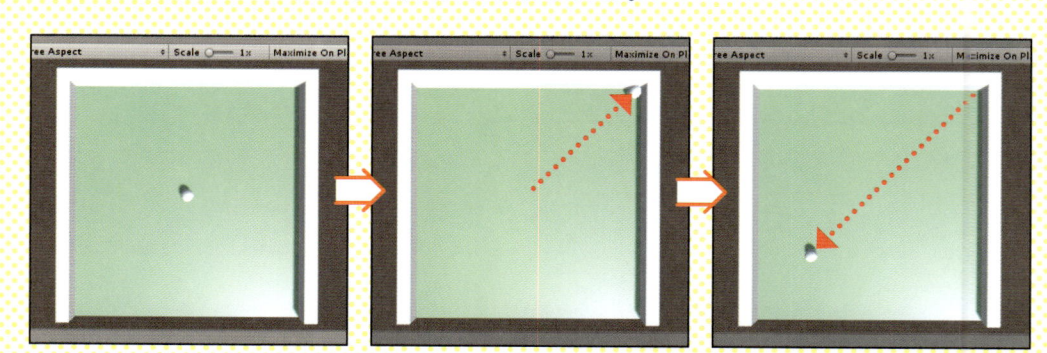

ボールが壁にぶつかっても止まらずに転がり続けます。

ボールが止まらなくなったけど、そのままどっかいっちゃった

ラケットを作ってはね返さなきゃね

# 03 | スクリプトの意味を調べよう

よし、次はラケットを作ろうよ

 その前にさっき入力した「Ball.cs」というスクリプトの読み方を勉強するぞ

そんなのわかんなくてもイイじゃん。ゲーム完成させようよ〜

 ダメダメ。入力したらすぐに意味を調べないとあとで困るぞ

## Ball.csには何が書かれているの?

先ほど「Ball.cs」というスクリプトを作って、その中に3行書いてもらいました。このスクリプトの働きは、「ゲームが開始されたら、ボールを斜め前に転がす」というものです。呪文のようなスクリプトを書くとなぜそういう結果になるのか、先頭から順番に1行ずつじっくりと見ていきましょう。
まずは、ふりがなを付けたスクリプト全体を見てみましょう。

### ■Ball.cs

```
1  using System.Collections;

2  using System.Collections.Generic;

3  using UnityEngine;

4

5  public class Ball : MonoBehaviour {

6      void Start() {

7          Vector3 force = new Vector3(10, 0, 10);

8          Rigidbody rbody = this.GetComponent<Rigidbody>();

9          rbody.AddForce(force, ForceMode.VelocityChange);

10     }

11 }
```

ことばの順番が日本語と違うからね。もう少し読みやすく翻訳するとこんな感じ

## 読み下し文

1　System.Collectionsを使う。

2　System.Collections.Genericを使う。

3　UnityEngineを使う。

4

5　MonoBehaviourをうけついだBallという名前のパブリックなクラスを作れ ｛

6　　戻り値なし、引数なしでStartという名前のメソッドを作れ ｛

7　　　数10、数0、数10で新しいVector3オブジェクトを作り、Vector3型の凸forceに入れろ。

8　　　このGameObjectのRigidbody型のコンポーネントをゲットし、Rigidbody型の凸rbodyに入れろ。

9　　　力モード・速度変更で、凸rbodyに凸forceを加えろ。

10　　｝

11　｝

わかりそうな気もしてきたけど、やっぱりわかんないな

チャプター 3

# usingの行は何もしないけど必要

先頭から見ていこう。usingではじまる最初の3行じゃが、これは何もしてないんじゃよ

じゃあ削除しちゃおう！　あっ、赤い波線がたくさん出た

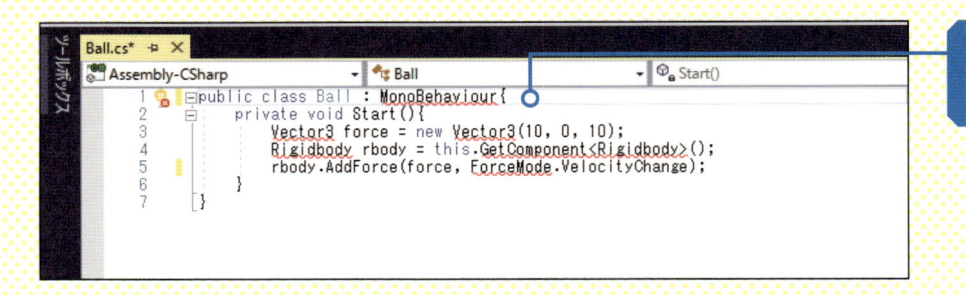

usingの行を削除するとエラーの指摘が表示されます。

赤い波線は間違っていることの指摘じゃ。usingの行は削除したらいかんよ

usingは名前空間（namespace）というものを省略可能にするための命令です。たとえば「using UnityEngine;」を削除した場合、UnityEngine.Vector3のように長い名前で書かなくてはいけなくなります。

# クラスやメソッドも何もしないけど必要

5、6行目も何もしてないんじゃが、削除したら動かない。これは「次の波カッコの間に何が書いてあるのか」を表す見出しみたいなもんじゃ

何それ？ 何でそんなこと書かなきゃいけないの？

決まりなんじゃよ。スクリプトを作ったときに自動的に入力されるんじゃから、あまり文句をいっちゃいかんよ

Unityのスクリプトでは、**クラス**というものの中に**メソッド**というものを書く決まりになっています。どこからクラスやメソッドがはじまり、どこで終わるかを表すために、波カッコを使います。この波カッコのことを**ブロック**と呼びます。

クラスとメソッドについてはまたあとで詳しく説明します。

```
using System.Collections;
using System.Collections.Generic;
using UnityEngine;

public class Ball : MonoBehaviour {
    void Start(){

    }

    void Update(){

    }
}
```

Ballクラスのブロック

Startメソッドのブロック

Updateメソッドのブロック

# 04 | Startメソッドの中を見ていこう

## ボールに加える力を表すオブジェクトを作る

Startメソッドのブロック内の7行目から実際に仕事をする部分になるぞい。そこを見ていこう

### ■Ball.csの7行目

```
7    Vector3 force = new Vector3(10, 0, 10);
```

### 読み下し文

7　数10、数0、数10で新しいVector3オブジェクトを作り、Vector3型の缶forceに入れろ。

これはボールを転がす力の方向と強さを決めているんじゃ。前に3D空間のX、Y、Zというのが出てきたじゃろ。力の向きや強さもX、Y、Zの3つの数で表すんじゃよ

Vector3というオブジェクトを使って、進む方向を表します。「new Vector3()」のカッコ内にX、Y、Zの3つの数を書きます。

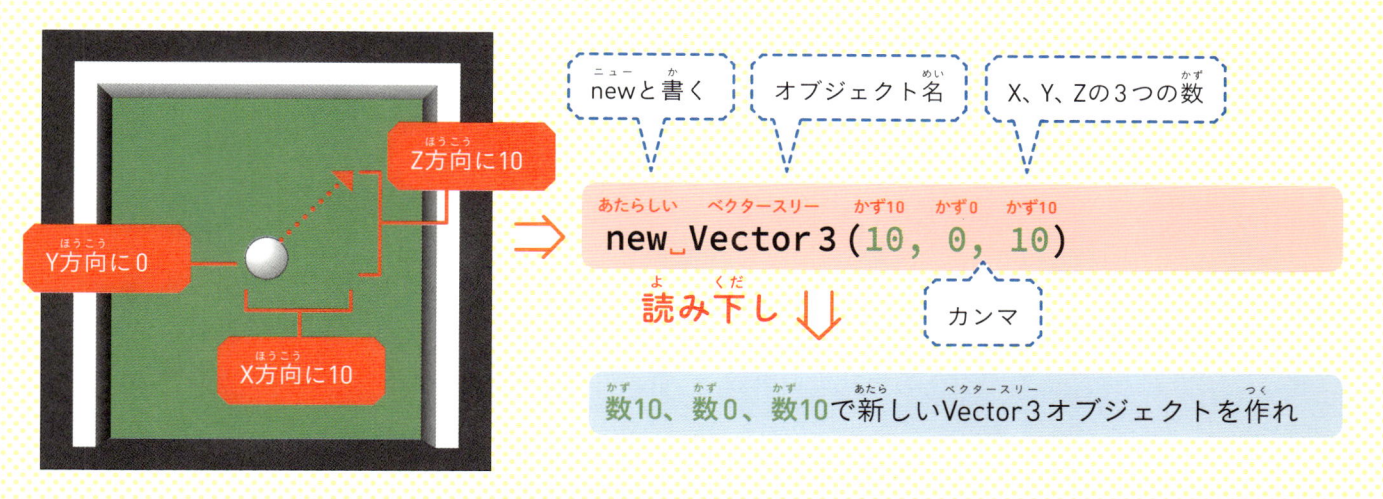

newと書く

オブジェクト名

X、Y、Zの3つの数

```
new Vector3(10, 0, 10)
```

読み下し ⬇

カンマ

数10、数0、数10で新しいVector3オブジェクトを作れ

前にオブジェクトはUnityの世界の住人とかいってたよね？

よく覚えとったね。ちなみに10とか0という数もfloatという名前のオブジェクトじゃ。3つのfloatオブジェクトを使って1つのVector3オブジェクトを作っているんじゃね

そっか、3つの数をイケニエにして、オブジェクトを召喚するんだ

3体のfloatオブジェクトを
イケニエにして、Vector3
オブジェクトを召喚！

正確には10や0などの小数点以下を持たない整数は「int型」、0.1fや0.5fなどの小数点以下を持つ実数は「float型」です。このスクリプトではint型からfloat型への自動変換というものが行われているのですが、今は気にしなくてかまいません。

## 作ったオブジェクトを変数に入れる

newからあとは何となくわかった。その前は何？

Vector3型の変数を作ってそこにオブジェクトを入れてるんじゃ

**入れないとどうなるの？**

**入れないと消えてしまうな**

オブジェクトを作っただけだと、そのうち消えてしまいます。そのため、**変数**という箱（📦）に閉じ込めておかなければいけません。「=（イコール）」が、右側にあるものを左側にあるものに入れろという意味の記号です。

また、**変数はオブジェクトの種類に合わせて用意する**必要があります。変数とオブジェクトの種類が合っていないと入れることができず、エラーになります。

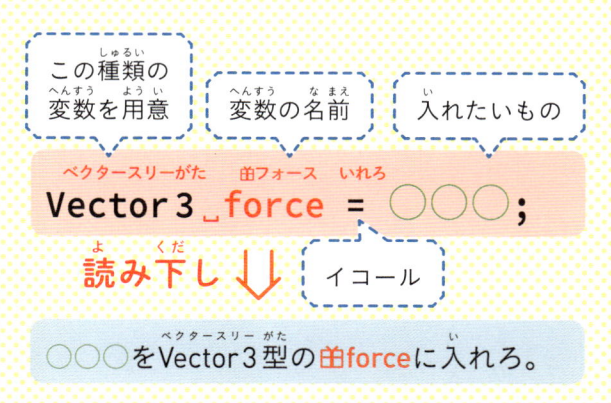

この種類の変数を用意

変数の名前

入れたいもの

```
Vector3 force = ○○○ ;
```
ベクタースリーがた　📦フォース　いれろ

読み下し ⬇　イコール

○○○をVector3型の📦forceに入れろ。

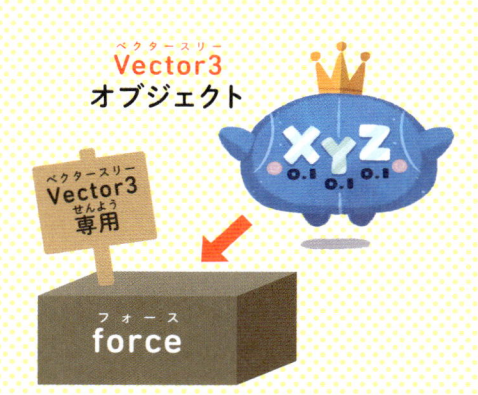

ベクタースリー
**Vector3 オブジェクト**

Vector3専用

force

ペットでも犬と魚じゃ飼う場所が違うじゃろ。それと同じじゃよ

## コンポーネントをゲットする

次の8行目に行ってみよう。ここではRigidbodyコンポーネントをゲットして変数に入れている

### ■Ball.csの8行目

8
```
Rigidbody rbody = this.GetComponent<Rigidbody>();
```

### 読み下し文

8　このGameObjectのRigidbody型のコンポーネントをゲットし、Rigidbody型の凹rbodyに入れろ。

7行目と似てるところがあるね。どっちも何かを変数に入れてる　▶　

リジッドボディがた　　　　囲アールボディ　　　いれろ　　この　　　　　　　　コンポーネントをゲット　　　リジッドボディがた

# Rigidbody **rbody** = this.GetComponent<Rigidbody>();

GameObjectが持っている
Rigidbodyのコンポーネン
トをゲット

このスクリプト（が追加さ
れているGameObject）

囲rbodyに入れろ

**rbody**

thisは簡単にいえば「このスクリプト」を意味する単語です。そして**GetComponent**（ゲットコンポーネント）はコンポーネントをゲットするメソッドで、直後の「`<>`（大なり小なり）」の中に書いた種類のコンポーネントをゲットします。途中の「`.`（ドット）」は「の」という意味だと思ってください。

## GameObject（ゲームオブジェクト）に力を加える

 いよいよ最後の9行目じゃ。これまで用意してきたものを使ってボールを転がすぞ

### ■Ball.cs（ボール シーエス）の9行目

```
9   rbody.AddForce(force, ForceMode.VelocityChange);
```
（⾆アールボディ ⾆ちからくわえろ ⾆フォース ちからモード そくどへんこう）

### 読み下し文

9   力モード・速度変更で、⾆rbodyに⾆forceを加えろ。

変数rbodyには8行目でゲットしたRigidbody（リジッドボディ）オブジェクトが入っています。Rigidbody（リジッドボディ）オブジェクトが持つAddForce（アッドフォース）メソッドを実行すると、実際にボールを転がすことができます。
AddForce（アッドフォース）メソッドのカッコ内には、加えたい力の情報を書きます。1つ目に書くのはVector3（ベクタースリー）オブジェ

クトを入れた変数の名前です。2つ目には力の加え方を指定するForceModeを書きます。

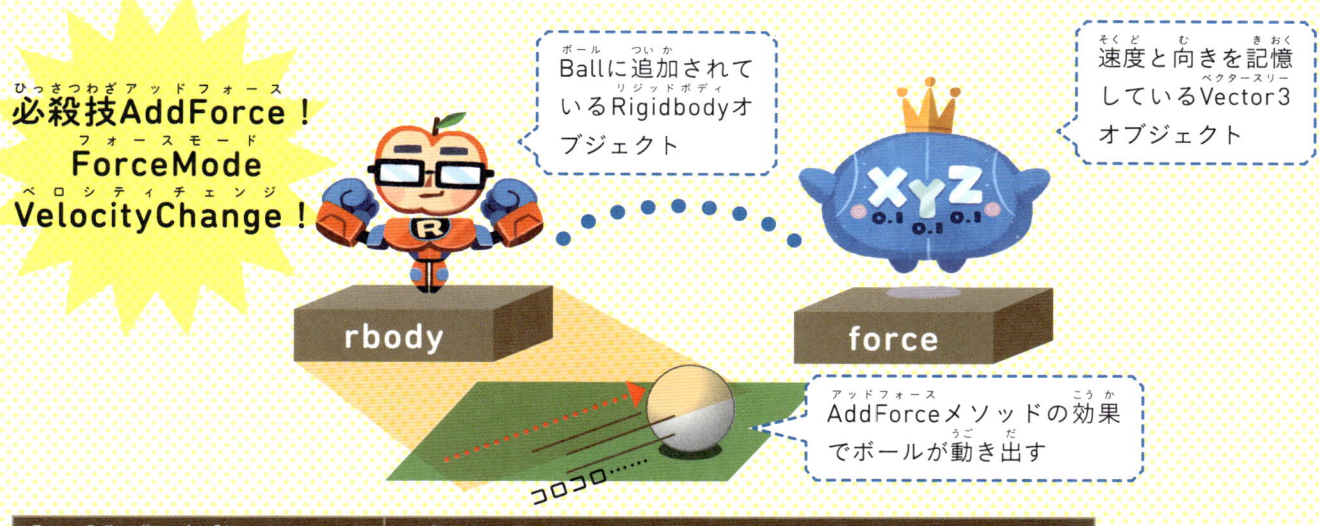

必殺技AddForce！
ForceMode
VelocityChange！

Ballに追加されているRigidbodyオブジェクト

速度と向きを記憶しているVector3オブジェクト

rbody

force

AddForceメソッドの効果でボールが動き出す

コロコロ……

| ForceModeの種類 | 意味 |
| --- | --- |
| ForceMode.Force | 力を加え続ける（ボールを押し続けて動かすときに使う） |
| ForceMode.Impulse | 一瞬だけ力を加える（ボールを叩いて動かすときに使う） |
| ForceMode.Acceleration | 加速し続ける（ボールを徐々に加速しながら動かす） |
| ForceMode.VelocityChange | 速度を変える（ボールを同じ速度で動かすときに使う） |

ForceModeむっず！　ことばはカッコいいけど

現実の世界では、止まっているボールを押して力を加えると、ボールが少しずつ加速して、その結果として速度が決まるわけじゃ。ForceModeを使うと、力の強さや重さと関係なく速度を決めることもできるんじゃよ

❶力を加える　❷加速する　❸速度が決まる

現実の世界では……

重さも関係する

ForceModeを使うとこの法則と関係なく動かせる

ふーん。今回はVelocityChangeを使ったから、ボールは少しずつ速くなったりしないで、いきなり同じ速さで動くってことだね

あとで他のForceModeも使ってみるからお楽しみに。必要なときにいろいろ使ってみれば、だんだんわかってくるはずじゃ

# スクリプトをもう一回見てみよう

これでBall.csの説明は終わりました。あらためてStartメソッドのブロック内の文をまとめて見てみましょう。今度は意味がわかりましたか？

## ■Ball.cs

```
7    Vector3 force = new Vector3(10, 0, 10);

8    Rigidbody rbody = this.GetComponent<Rigidbody>();

9    rbody.AddForce(force, ForceMode.VelocityChange);
```

## ■読み下し文

7　数10、数0、数10で新しいVector3オブジェクトを作り、Vector3型の畄forceに入れろ。

8　このGameObjectのRigidbody型のコンポーネントをゲットし、Rigidbody型の畄rbodyに入れろ。

9　力モード・速度変更で、畄rbodyに畄forceを加えろ。

最初はわからなくても、理解できるところを増やしていけば、いずれは読めるようになってくるぞ

# 05 | メソッドの引数と戻り値

ここまでにStart、GetComponent、AddForceという3つのメソッドが出てきた。そこでメソッドがどんなものなのかあらためて説明していこう

メソッドはオブジェクトの必殺技でしょ？　アッドフォース！

## メソッドは呼び出すもの

メソッドが「オブジェクトが持つ必殺技」だというのは、まったくの間違いではないのですが、命令といったほうが正確でしょう。メソッドを使うことを「呼び出す」といいます。メソッドを呼び出すには、メソッド名のあとにカッコを付け、その中にメソッドへの指示を書きます。これを引数といいます。

```
rbody.AddForce( force, ForceMode.VelocityChange );
```
アールボディ　ちからくわえろ　フォース　ちからモード　そくどへんこう

 メソッド　引数　カンマで区切る　引数　引数全体をカッコで囲む

メソッドによっては呼び出したときに、何かのオブジェクトを返してくるものもあります。たとえば、GetComponentメソッドはゲットしたコンポーネントを返します。これを戻り値といいます。

```
Rigidbody rbody  =  this.GetComponent<Rigidbody>();
```

入れる

戻り値

引数がいらないときもカッコは必要

そういえば、Vector3オブジェクトを作るときに「new Vector3(10, 0, 10)」って書いたじゃん。あれもメソッド？

あれはコンストラクタっていうんじゃ。メソッドに似ているけど、最初にnewって書いたりとか違うところもあったじゃろ

## メソッドは呼び出されるもの

メソッドは呼び出すこともあれば、他から呼び出されることもあります。たとえば、Startメソッドは、呼び出されるほうです。このメソッドはゲームを実行して、GameObjectが出現したときに呼び出されます。

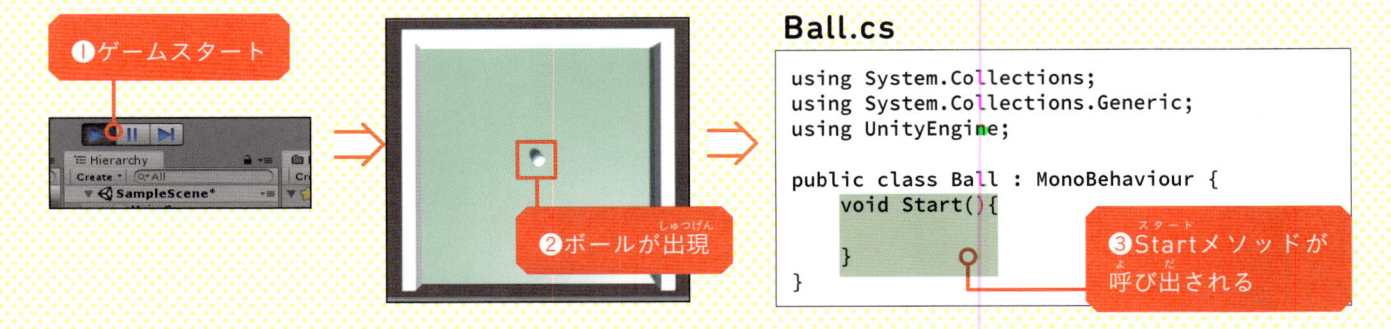

**❶ゲームスタート**

**❷ボールが出現**

### Ball.cs

```
using System.Collections;
using System.Collections.Generic;
using UnityEngine;

public class Ball : MonoBehaviour {
    void Start(){

    }
}
```

**❸Startメソッドが呼び出される**

Startって書いてあるから、ゲームがスタートしたときって意味かと思った

 近いんじゃが、ちょっと違うんじゃ。敵キャラのGameObjectみたいに、ゲームの進行中に出現するものもあるからな

呼び出されるメソッドを書く場合は、メソッドの名前のあとの波カッコ（ブロック）の中に、呼び出されたときにやることを書きます。この本では自分で考えてメソッドを作ることはないので、簡単に覚えておいてください。

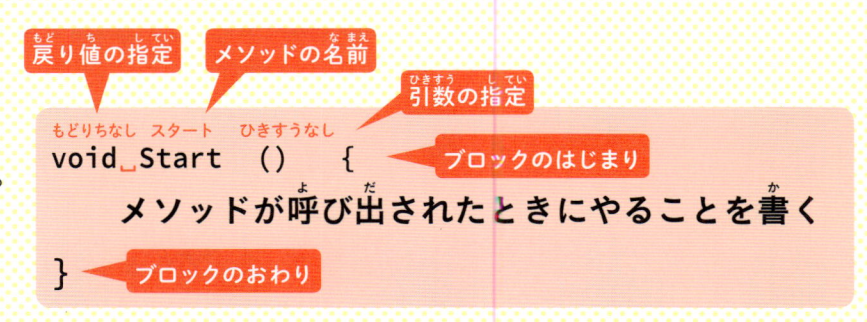

戻り値の指定　メソッドの名前　引数の指定

もどりちなし　スタート　ひきすうなし

void Start () { ←ブロックのはじまり

メソッドが呼び出されたときにやることを書く

} ←ブロックのおわり

ところでStartメソッドって誰が呼び出してるの？

Unityのゲームのメインプログラムが呼び出している。つまり、Unityでスクリプトを書くというのは、1つのゲームプログラムの一部を書くことなんじゃよ

# クラスはオブジェクトの設計図

少し難しい話になるので、今は軽く頭のすみに置いておくだけでいいのですが、クラスはオブジェクトの設計図です。そして、クラスをもとにオブジェクトが作られます。今回はBallクラスのブロック内にStartメソッドを書いたので、BallオブジェクトにStartメソッドを持たせたことになります。

```
public class Ball : MonoBehaviour{
    void Start(){
        ......
    }
}
```

⇒

クラスからオブジェクトが
作られる

# 06 | スクリプトを書くときの決まりごと

## スペースの入れどころ

知っておくと役立つマメ知識をいくつか説明するぞ。まずはスペースの話だ

␣のところにスペースを入れればいいんでしょ。簡単！

スペースが必要なところと、入れてはいけないところと、どっちでもいいところがあるんじゃ。あと全角スペースはダメじゃ

スペースを入れる場所を見分けるコツは、「名前に使える文字かどうか」です。クラス、メソッド、変数には名前を付けることができますが、使える文字はアルファベット、「＿（アンダーバー）」、数字（ただし先頭はダメ）と決まっています。
ですから、何かの名前が並んでいる場合、間にスペースを空けないといけません。たとえば「Vector3」と「force」の間のスペースを取ってしまうと、「Vector3force」という違う名前になってしまうからです。

どっちでもいい　どっちでもいい　どっちでもいい　どっちでもいい

`Vector3 force = new Vector3(10, 0, 10);`

**絶対あける**　　　　**絶対あける**

✕　　　　　　✕

`Vector3 force=newVector3(10,0,10);`

> すべてのスペースを取ったときに意味が
> 変わってしまうところはダメ

逆にスペースを絶対に入れてはいけないところは、名前の途中です。「Get　Component」と書いたら、「Get」と「Component」という2つの名前になってしまいます。

## 文の最後には「;(セミコロン)」を書く

スペースを入れてもいいところでは改行してもOKです。長くて読みにくいときは適当に改行しましょう。ただし自由に改行できる代わりに、文の最後には必ず「;(セミコロン)」を入れないといけないという決まりがあります。

```
rbody.AddForce(⏎
        force,⏎
        ForceMode.VelocityChange⏎
        );
```

> スペースを入れていいところ
> では改行してもOK

> 1つの文の最後には「;」を書く

# インデントはブロックをわかりやすくする

スクリプトを読みやすくするためにブロックの中は1段下げるという決まりがあります。字下げのことをインデントといい、行頭で Tab キーを押すと下がります。

インデントする目的はブロックの「はじまり」と「おわり」をわかりやすくすることです。インデントありとなしのスクリプトを見比べてみてください。見やすさがかなり違いますね。

## インデントあり

```
using System.Collections;using
System.Collections.Generic;
using UnityEngine;

public class Ball : MonoBehaviour {
    void Start() {
        Vector3 force = new Vector3(10, 0, 10);
        Rigidbody rbody = this.
            GetComponent<Rigidbody>();
        rbody.AddForce(force, ForceMode.
            VelocityChange);
    }
}
```

## インデントなし

```
using System.Collections;using
System.Collections.Generic;
using UnityEngine;

public class Ball : MonoBehaviour {
void Start() {
Vector3 force = new Vector3(10, 0, 10);
Rigidbody rbody = this.
GetComponent<Rigidbody>();
rbody.AddForce(force, ForceMode.VelocityChange);
}
}
```

 これでスクリプトの基本の話はだいたい終わったぞ。次はブロックくずしを完成させよう

待ってましただよ〜

# 続々ブロックくずしを作ろう

## 〜完成への道〜

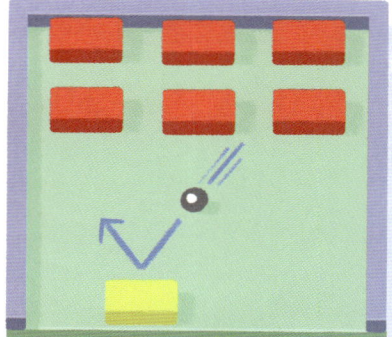

# 01 ｜ ラケットを作って動かそう

それじゃいよいよラケットを作っていこう。ラケットはキーボードで左右に動かせるようにするよ

## ラケットのGameObjectを作る

[Hierarchy] ウィンドウで [Create] - [3D Object] - [Cube] をクリックしてCubeを作り、位置とサイズを整えます。

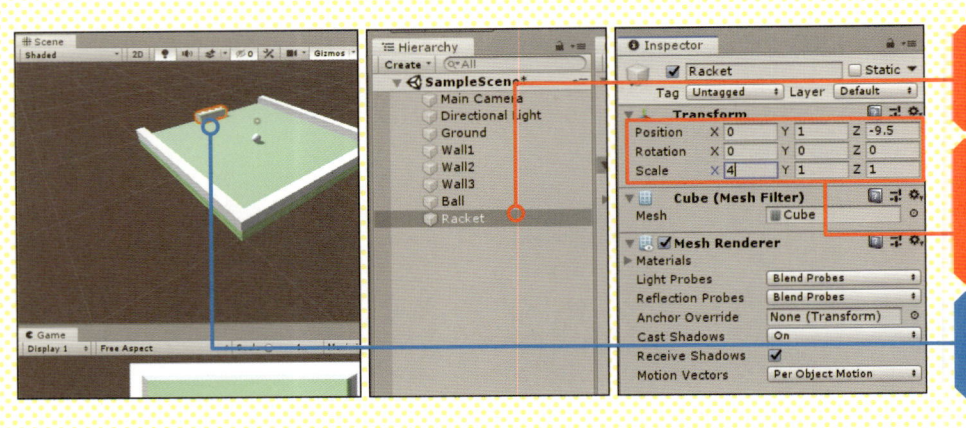

❶Cubeの GameObjectを作って、名前を「Racket」に変更

❷ [Position] を「X：0、Y：1、Z：-9.5」に、[Scale] を「X：4、Y：1、Z：1」に設定

壁がない方向にラケットができました。

［Project］ウィンドウで ［Create］-［Material］ をクリックし、ラケットに塗る色を決めます。

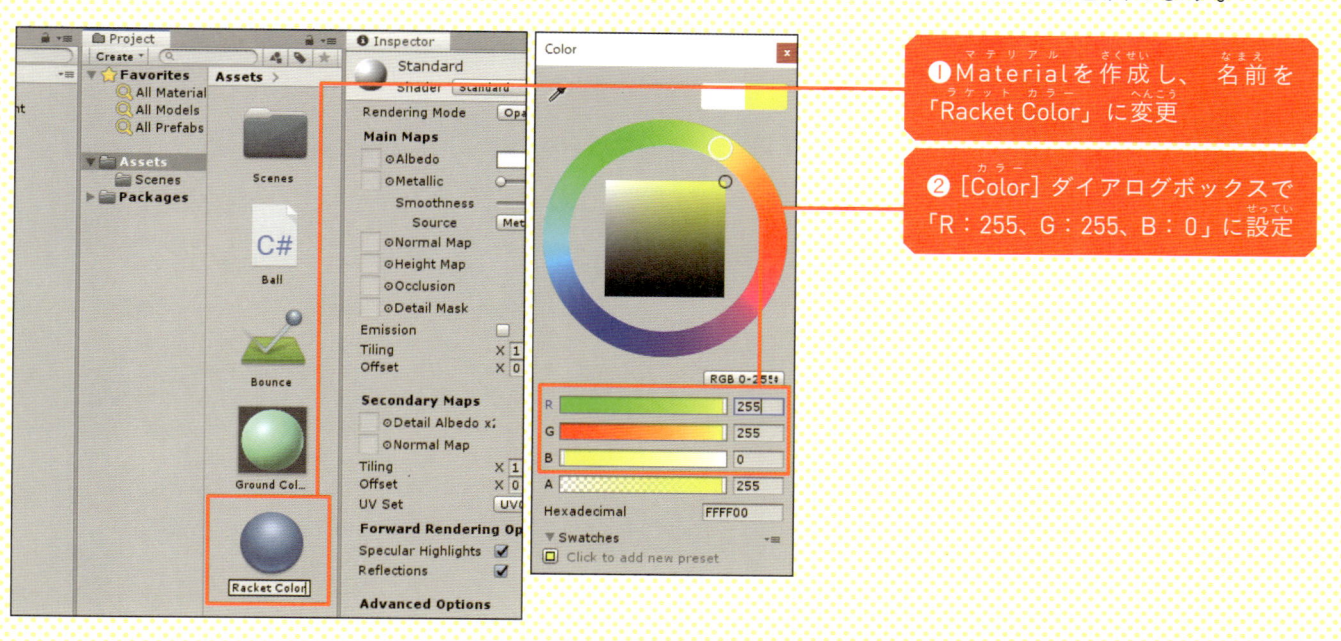

❶Materialを作成し、名前を「Racket Color」に変更

❷［Color］ダイアログボックスで「R：255、G：255、B：0」に設定

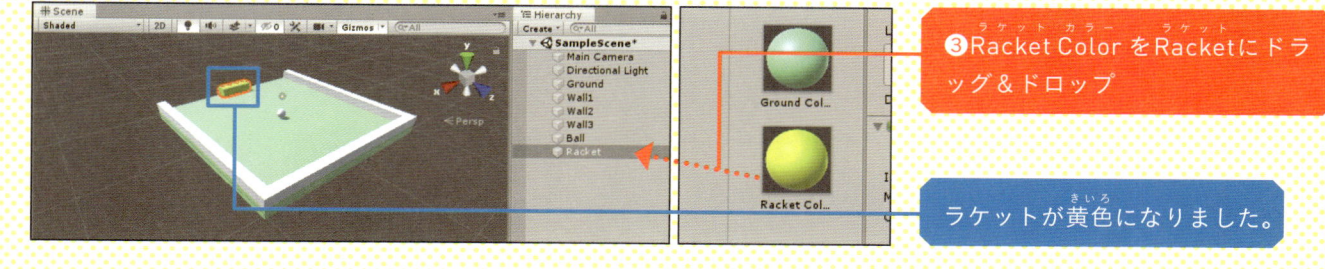

❸Racket Color をRacketにドラッグ＆ドロップ

ラケットが黄色になりました。

ラケットは物理法則に沿って動かしたいので、RigidBodyコンポーネントを追加します。

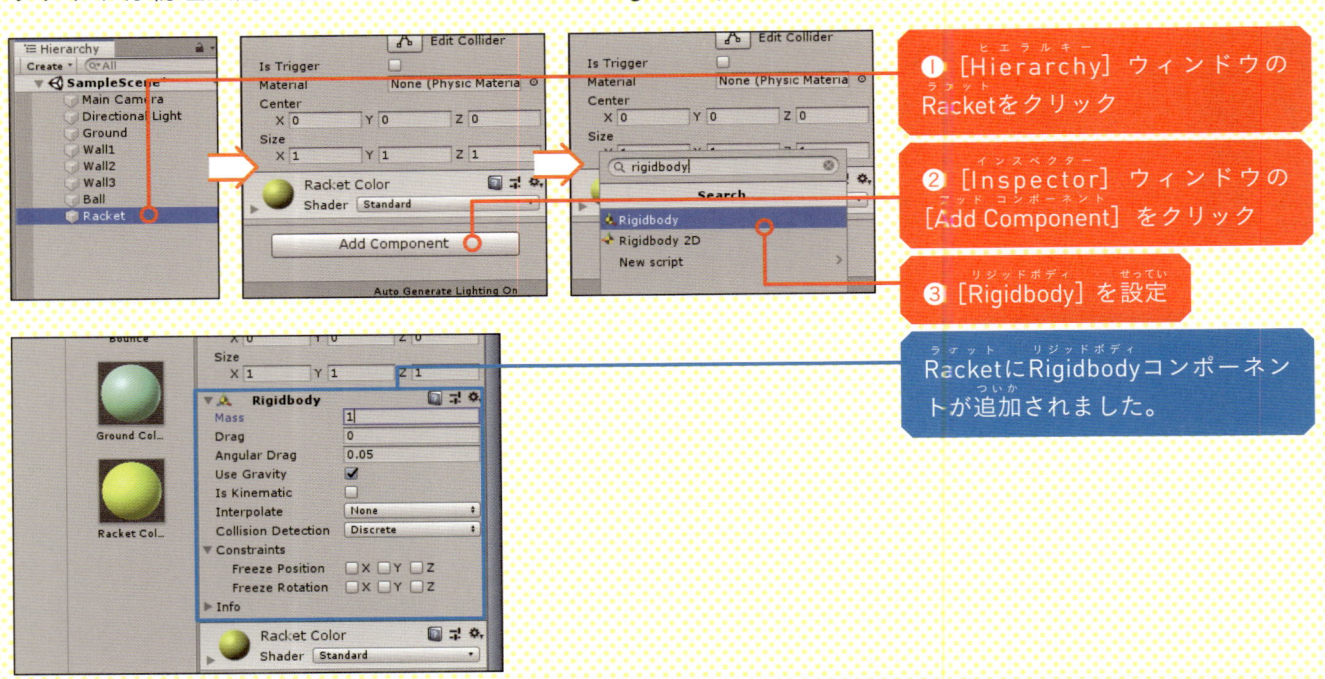

❶ [Hierarchy] ウィンドウの Racketをクリック

❷ [Inspector] ウィンドウの [Add Component] をクリック

❸ [Rigidbody] を設定

RacketにRigidbodyコンポーネントが追加されました。

## ラケットを操作するスクリプトを作成する

スクリプトを追加し、キーボードの操作でラケットが左右に動くようにしましょう。スクリプトの名前は「Racket.cs」とします。

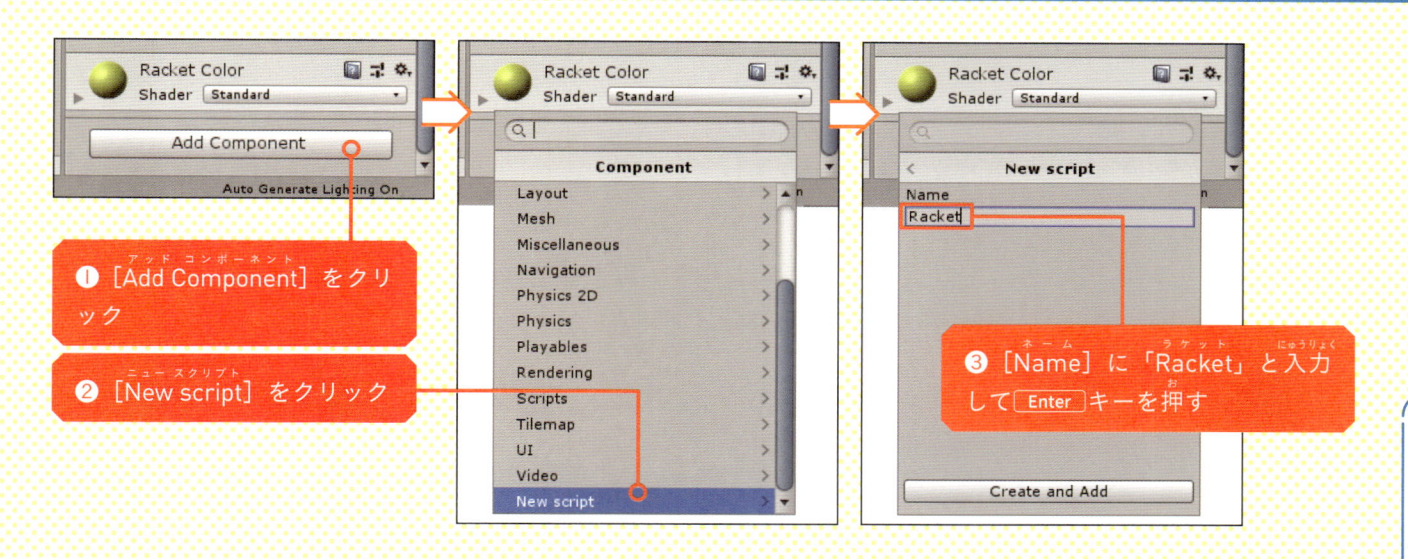

❶ [Add Component] をクリック

❷ [New script] をクリック

❸ [Name] に「Racket」と入力して Enter キーを押す

スクリプトをVisual Studioで開いて編集します。Ball.csではStartメソッドを残してUpdateメソッドを削除しましたが、Racket.csではUpdateメソッドのほうを残します。

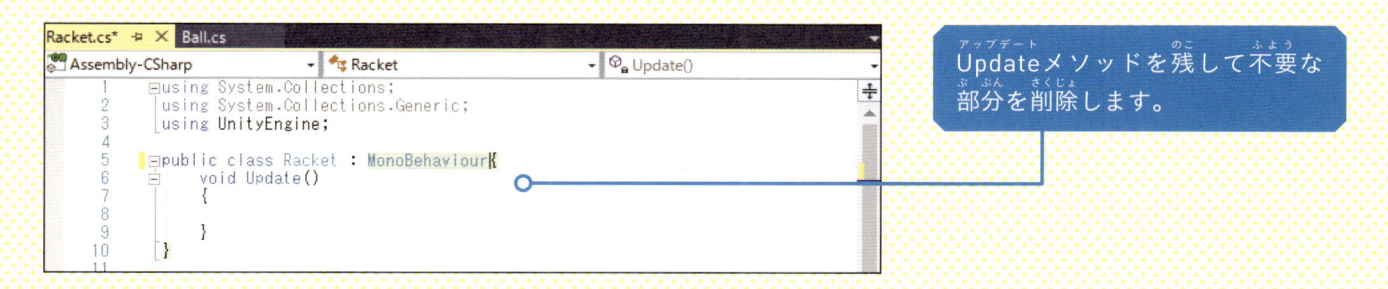

Updateメソッドを残して不要な部分を削除します。

## ■Racket.cs

ラケット シーエス

```
5   public class Racket : MonoBehaviour {

6       void Update() {

7           float direction = Input.GetAxisRaw("Horizontal");

8           Vector3 force = new Vector3(direction, 0, 0);

9           Rigidbody rbody = this.GetComponent<Rigidbody>();

10          rbody.AddForce(force, ForceMode.Impulse);

11      }

12  }
```

usingの行は毎回同じだから省略してるけど、削除しちゃいかんぞ

## 読み下し文

5　MonoBehaviourをうけついだRacketという名前のパブリックなクラスを作れ ｛

6　　戻り値なし、引数なしでUpdateという名前のメソッドを作れ ｛

7　　　Inputオブジェクトから軸情報を文字「Horizontal」でゲットし、float型の△directionに入れろ。

8　　　△direction、数0、数0で新しいVector3オブジェクトを作り、Vector3型の△forceに入れろ。

9　　　このGameObjectのRigidbody型のコンポーネントをゲットし、Rigidbody型の△rbodyに入れろ。

10　　　力モード・瞬間力で、△rbodyに△forceを加えろ。

11　　｝

12　｝

これはどういう意味なの？

それを説明する前に、動かすとどうなるのかを見てみよう

## ゲームを実行する

スクリプトを上書き保存して、Unityエディタに戻って実行してみましょう。

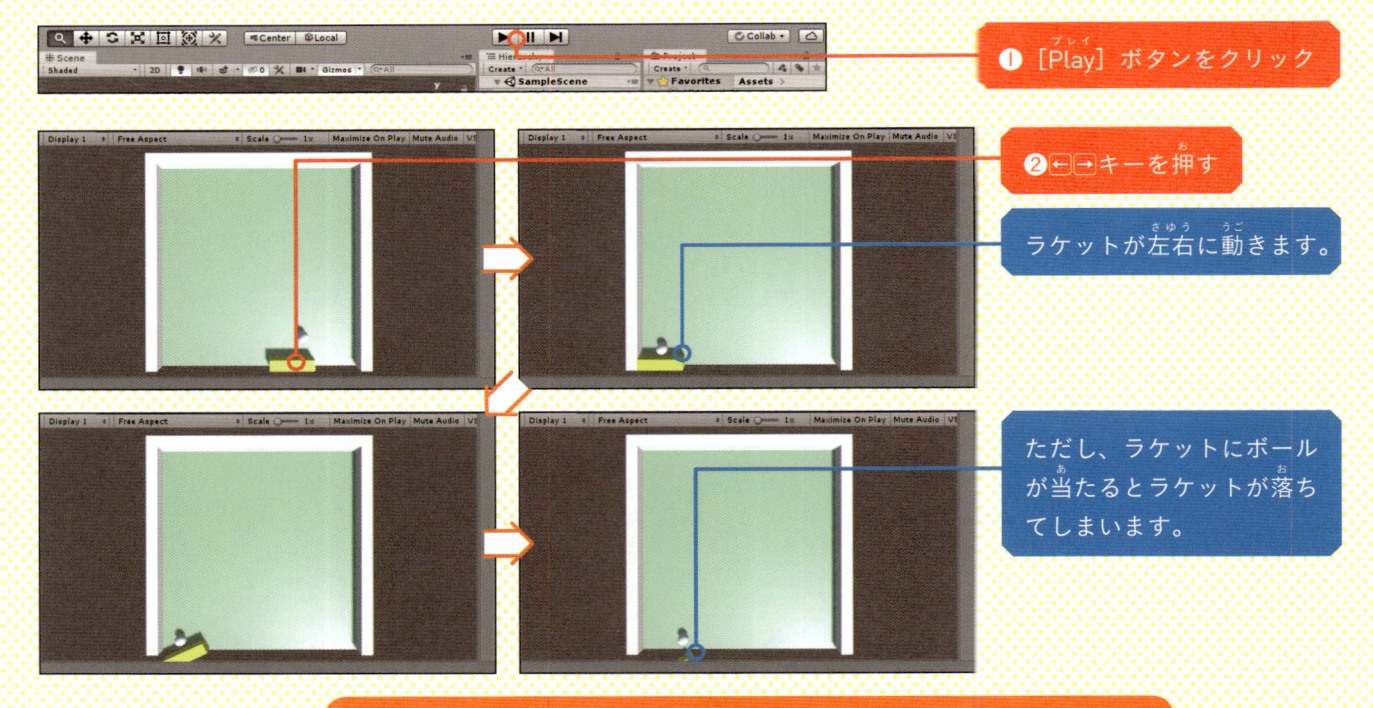

❶ [Play] ボタンをクリック

❷ ←→キーを押す

ラケットが左右に動きます。

ただし、ラケットにボールが当たるとラケットが落ちてしまいます。

ボールがはね返らないでラケットが落ちちゃったよ！ ダメじゃん！

まぁ、それはあとで直さないといかんが、左右には動いてるじゃろ。まずはスクリプトの意味を見ていこう

# 02 | ラケットを動かすスクリプト

今回はStartメソッドを削って、Updateメソッドの中にスクリプトを書いた。そこが重要なんじゃ

Startメソッドは GameObjectが登場したときにやりたいことを書くんだよね。Updateメソッドは何だろう？

アプリのアップデートとかと関係あるのかな？

Updateは日本語でいえば「更新」、つまり「今あるものを新しくする」って意味じゃ

## UpdateメソッドでGameObjectを動かす

Updateメソッドには、GameObjectの状態を新しくするための処理を書きます。ラケットの移動というのは、ラケットの位置が少しずつ新しいものに変わっていくということです。Updateメソッドの中で位置を少し動かす処理を書けば、ラケットが移動します。

StartメソッドはGameObjectが登場したときに1回しか呼び出されませんが、Updateメソッドは1秒間に何十回も呼び出されます（回数はパソコンの性能によって変わります）。

## キーボードからの入力を受け取る

 7行目はキーボードで押したキーの情報を受け取って、変数directionに入れているんじゃ

### ■Racket.csの7行目

```
7    float direction = Input.GetAxisRaw("Horizontal");
```

### 読み下し文

7 Inputオブジェクトから軸情報を文字「Horizontal」でゲットし、float型のdirectionに入れろ。

Inputオブジェクトはキーボードやジョイスティック、タッチパネルなどの装置から入力を受け取るオブジェクトで、入力のためのさまざまなメソッドを持っています。今回使用しているGetAxisRawメソッドは、キーボードの←→↑↓キーか、ゲーム機の移動ボタン（十字ボタン）からの入力をゲットします。

Axisとは軸のことで、横軸（←→）と縦軸（↑↓）を意味します。引数に「Horizontal（水平）」を指定すると横軸を-1〜1の数値で返し、「Vertical（垂直）」を指定すると縦軸を-1〜1の数値で返します。

GetとAxisはわかったけど、Rawは何？

Rawは「生」「未加工」の意味じゃ。GetAxisという別のメソッドと区別するための名前じゃからあまり気にしなくていいぞ

## 移動のための力を用意する

GetAxisRawメソッドはfloatオブジェクトを返すので、それを使って力を表すVector 3 オブジェクトを作るんじゃ

### ■Racket.cs

```
8    Vector 3 force = new Vector 3 (direction, 0, 0);
```

### 読み下し文

8　直direction、数0、数0で新しいVector 3 オブジェクトを作り、Vector 3 型の直forceに入れろ。

GetAxisRawメソッドは←キーを押したときは-1、→キーを押したときは1を返し、どちらも押してないときは0を返します。これをVector3オブジェクトのXのデータとして使います。ですから、キーを押した状態によって「Vector3(-1,0,0)」「Vector3(0,0,0)」「Vector3(1,0,0)」の3とおりの結果になります。

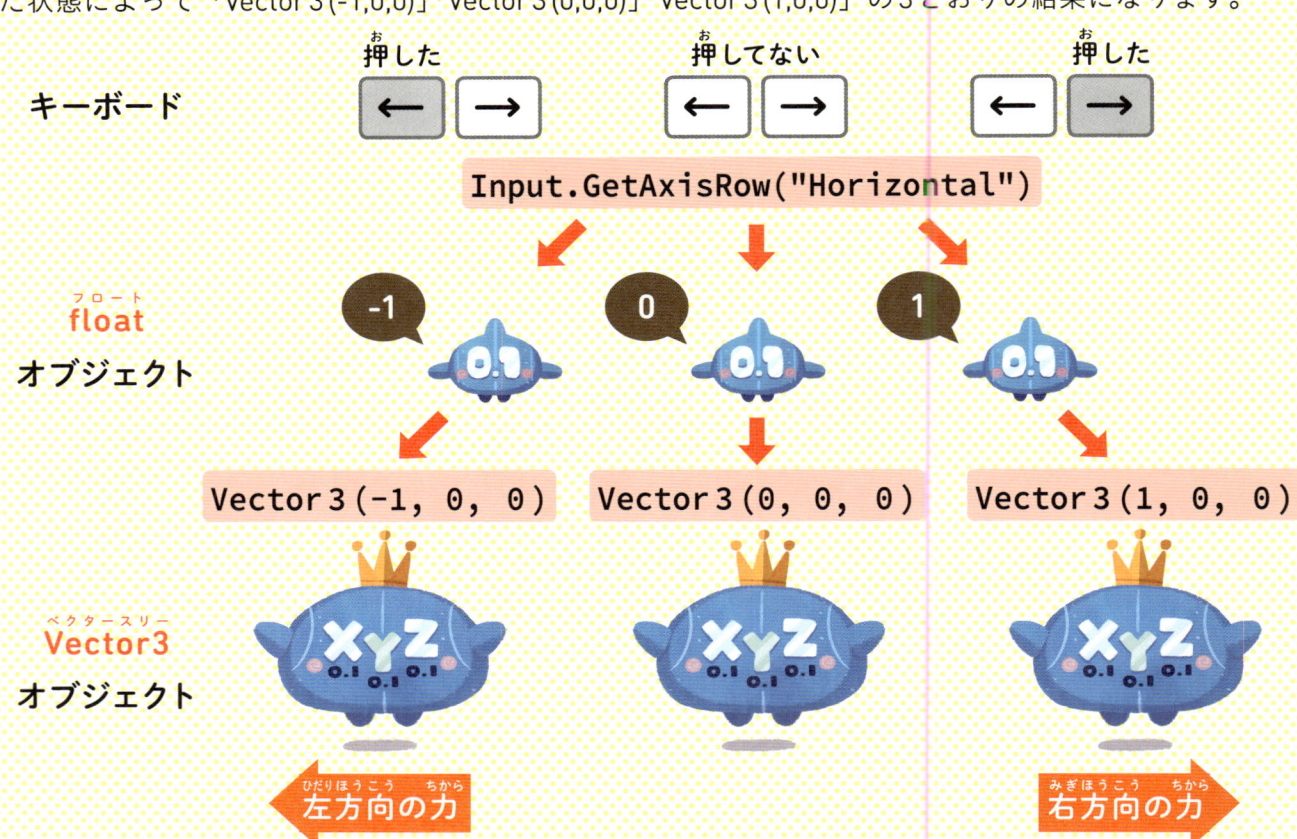

# ラケットに力を加える

## ■Racket.cs

```
9    Rigidbody rbody = this.GetComponent<Rigidbody>();
10   rbody.AddForce(force, ForceMode.Impulse);
```

## 読み下し文

9　このGameObjectのRigidbody型のコンポーネントをゲットし、Rigidbody型の凸rbodyに入れろ。

10　力モード・瞬間力で、凸rbodyに凸forceを加えろ。

Ball.csのStartメソッドに書いた処理とほとんど同じですが、今回thisが表すのはRacket.csなので、ラケットに対して力を加えることになります。また、AddForceメソッドにForceMode.Impulseを指定したので、瞬間的な力としてラケットに伝えられます。瞬間的な力は、見えない手でラケットをチョンとつつくイメージです。キーを押し続けている間はずっと力が加えられるので、少しずつ加速します。

# ラケットの動きをチューニングする

どうしてボールが当たるとラケットが落ちちゃうんだと思う？

頑張りが足りないから？

まぁある意味ではそうかもしれん。ボールと同じくらい軽いから、踏ん張れずに倒れてしまうんじゃ

## ラケットの重さを調整する

GameObjectの重さは、Rigidbodyコンポーネントの [Mass] で調整できます。Massは日本語で「質量」という意味で、質量と重力を掛け合わせると重さになります。このゲーム内での重力は同じなので、ここでは重さのことと思ってかまいません。

ラケットの重さを50まで増やしてみましょう。

初期状態は1なので、ボールと同じ重さになっています。

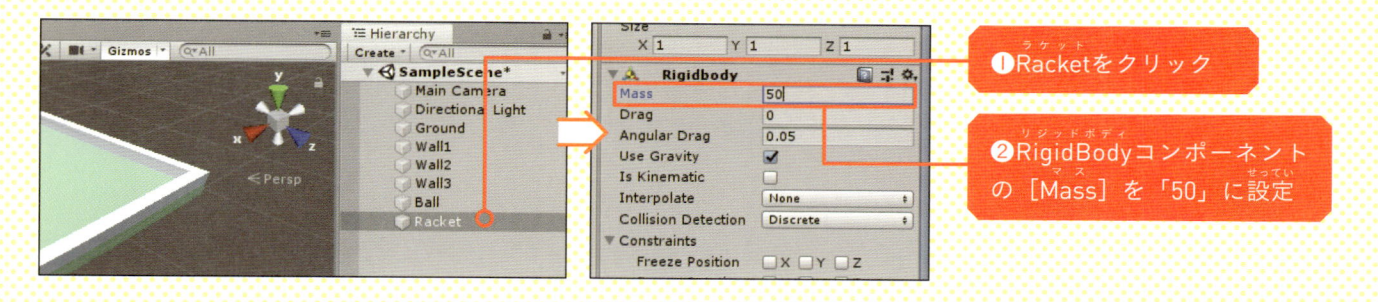

❶Racketをクリック

❷RigidBodyコンポーネントの [Mass] を「50」に設定

どうなるかゲームを実行して試してみましょう。

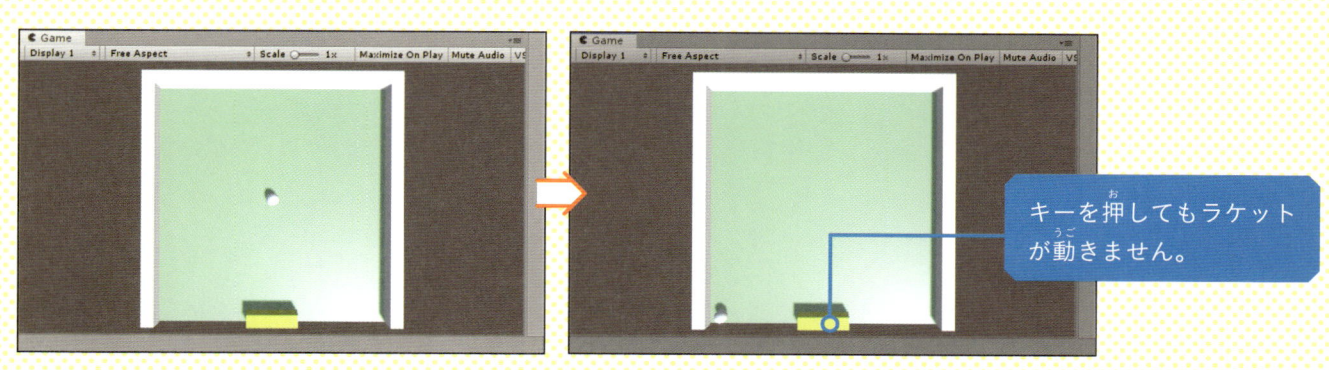

キーを押してもラケットが動きません。

動かなくなったよ！　これはこれでダメじゃん！

重いから弱い力じゃ動かないんじゃ。スクリプトをいじって力を強くしてみよう

# ラケットに加える力を調整する

ラケットに加える力を大きくしましょう。思い切って2000倍にします。

## ■Racket.csの8行目

```
8    Vector3 force = new Vector3(direction * 2000, 0, 0);
```

## 読み下し文

8    directionに掛ける数2000、数0、数0で新しいVector3オブジェクトを作り、Vector3型の forceに入れろ。

8行目に「*2000」を追加しただけです。「*（アスタリスク）」は掛け算をするための記号です。足し算をしたいときは「+（プラス）」、引き算をしたいときは「-（マイナス）」、割り算をしたいときは「/（スラッシュ）」という記号を使います。ここでは「direction * 2000」と書いたので、変数directionに入っている-1〜1の数に2000が掛けられ、-2000〜2000になります。

これを実行するとどうなるのでしょうか？

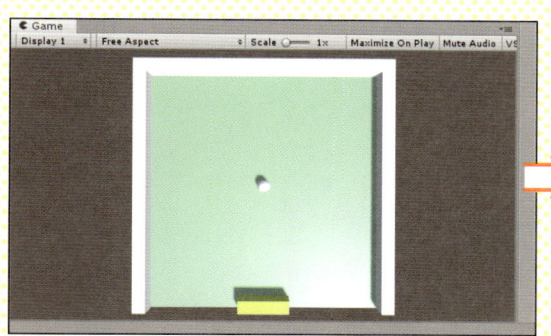 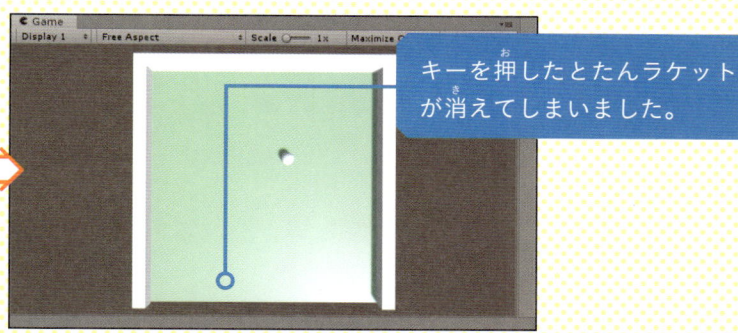

キーを押したとたんラケットが消えてしまいました。

どうなったの？　何が起きたの？

うーん、力が強すぎてラケットが吹っ飛んでしまったんじゃな。動きが速すぎると衝突判定が働かず、一瞬で壁を飛び越えてしまうんじゃよ

力を強くしすぎたんじゃないの？　弱くしてみたら？

それでもいいかもしれんが、別の方法でやってみよう

# ラケットの抵抗を調整する

Dragは「移動に抵抗する力」とい
う意味で、[Drag] を大きくすると、
GameObjectが動きにくくなりま
す。

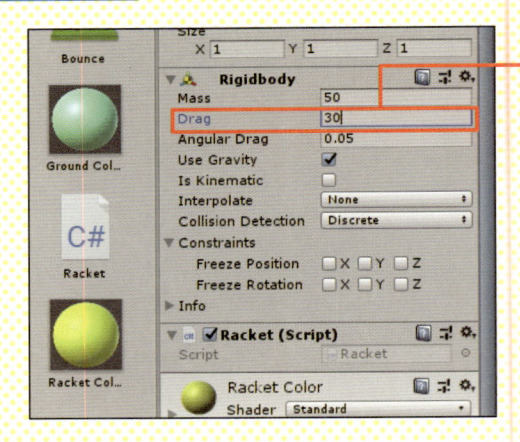

❶RacketのRigidbodyコン
ポーネントの[Drag]を「30」
に設定

[Play] ボタンをクリックして試してみましょう。

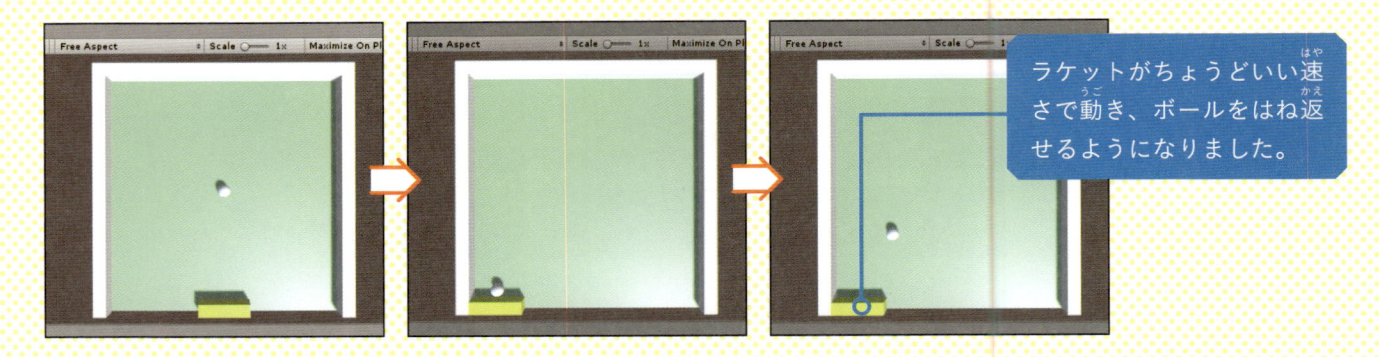

ラケットがちょうどいい速
さで動き、ボールをはね返
せるようになりました。

うまく行ったけど、力を弱くしてもよかったんじゃないのかな？

重くて動かしにくいものを強い力で動かしたほうが、ラケットがキビキビ動くんじゃ。まぁ好みもあるからいろいろ試してみるといいぞ

## 移動方向と回転方向を制限する

最後の仕上げとしてRigidBodyコンポーネントの [Freeze Position] と [Freeze Rotation] を設定しておきましょう。これは移動方向と回転方向が変わらないようにするための設定で、今回はX方向にしか移動しないように制限します。これでラケットが回ったり浮いたりすることは絶対になくなります。

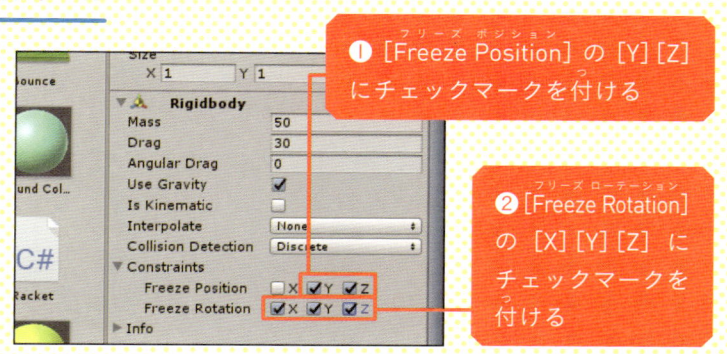

❶ [Freeze Position] の [Y] [Z] にチェックマークを付ける

❷ [Freeze Rotation] の [X] [Y] [Z] にチェックマークを付ける

実はこの制限だけでもラケットは落ちなくなるんじゃが、ラケットが軽いままだとボールがはね返らない。いろいろと複雑に関係しているんじゃよ

# 04 | ボールが当たったらブロックを消す

あとはブロックを作れば完成よね？

そのとおりじゃ。ブロックを1つ作って、ボールが当たったときに消すところまでやってみよう

## ブロックのGameObjectを作る

床や壁と同様に、Cubeを作成して位置やサイズを整えましょう。

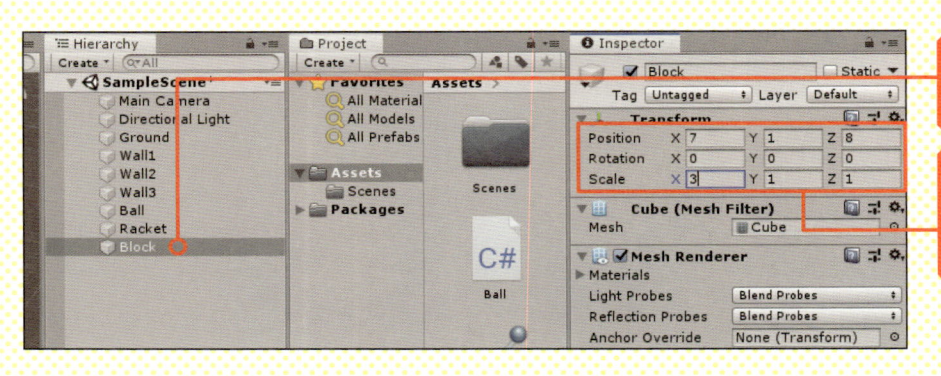

❶Cubeを作成し名前を「Block」に変更

❷ [Position] を「X：7、Y：1、Z：8」に、[Scale] を「X：3、Y：1、Z：1」に設定

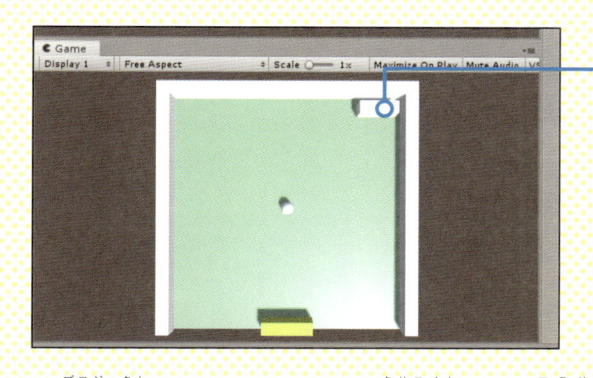

床の右上にブロックが
できました。

[Project] ウィンドウで [Create] - [Material] をクリックし、ラケットに塗る色を決めます。

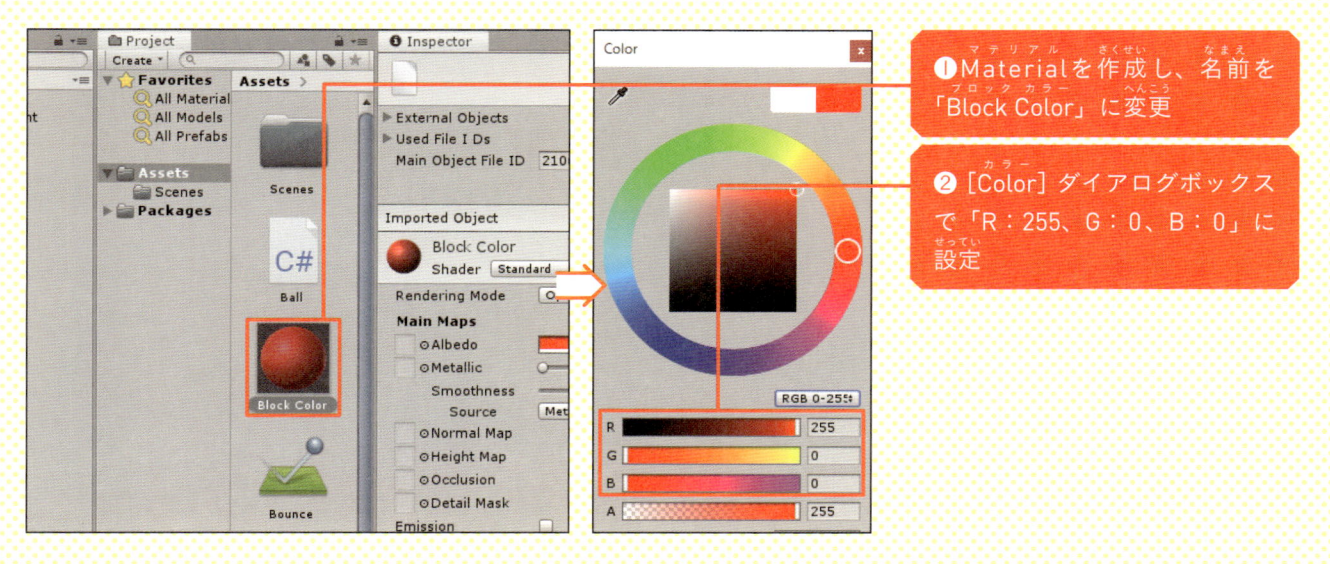

❶Materialを作成し、名前を
「Block Color」に変更

❷ [Color] ダイアログボックス
で「R：255、G：0、B：0」に
設定

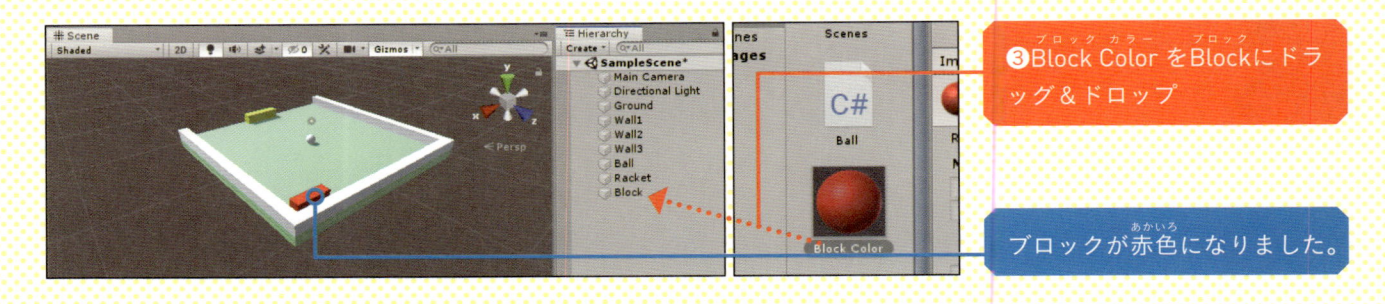

❸Block Color をBlockにドラッグ＆ドロップ

ブロックが赤色になりました。

ゲームを実行して確認してみましょう。この段階ではブロックは壁と同様の障害物なので、ボールが当たるとはね返ります。

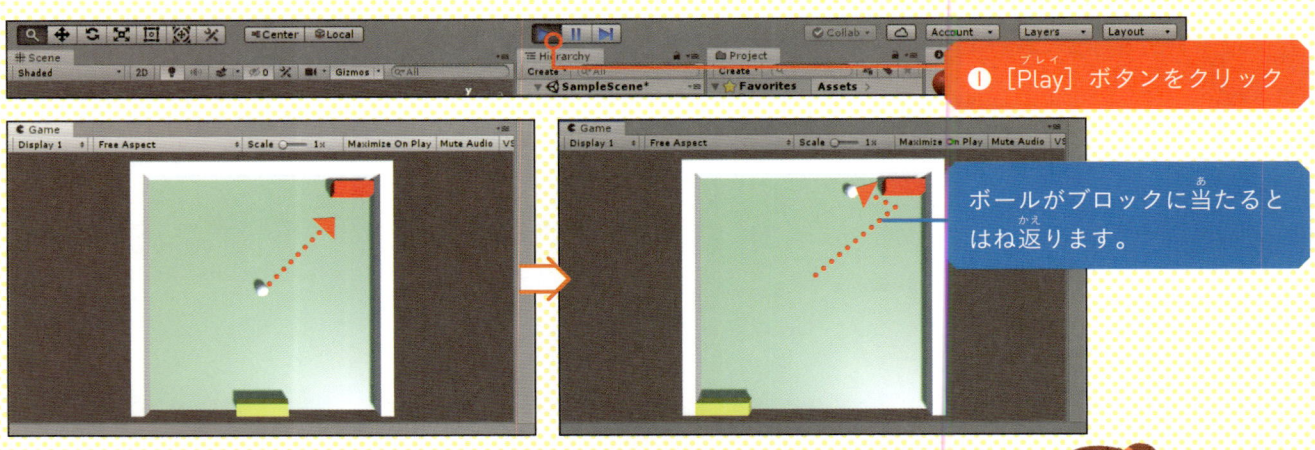

❶ [Play] ボタンをクリック

ボールがブロックに当たるとはね返ります。

「ブロックくずし」じゃなくて「ブロックくずせない」だね

# ブロックが消えるスクリプトを作る

ブロックにスクリプトを追加して、何かと当たったときに消えるようにしよう

ブロックにスクリプトを追加しましょう。スクリプトの名前は「Block.cs」とします。

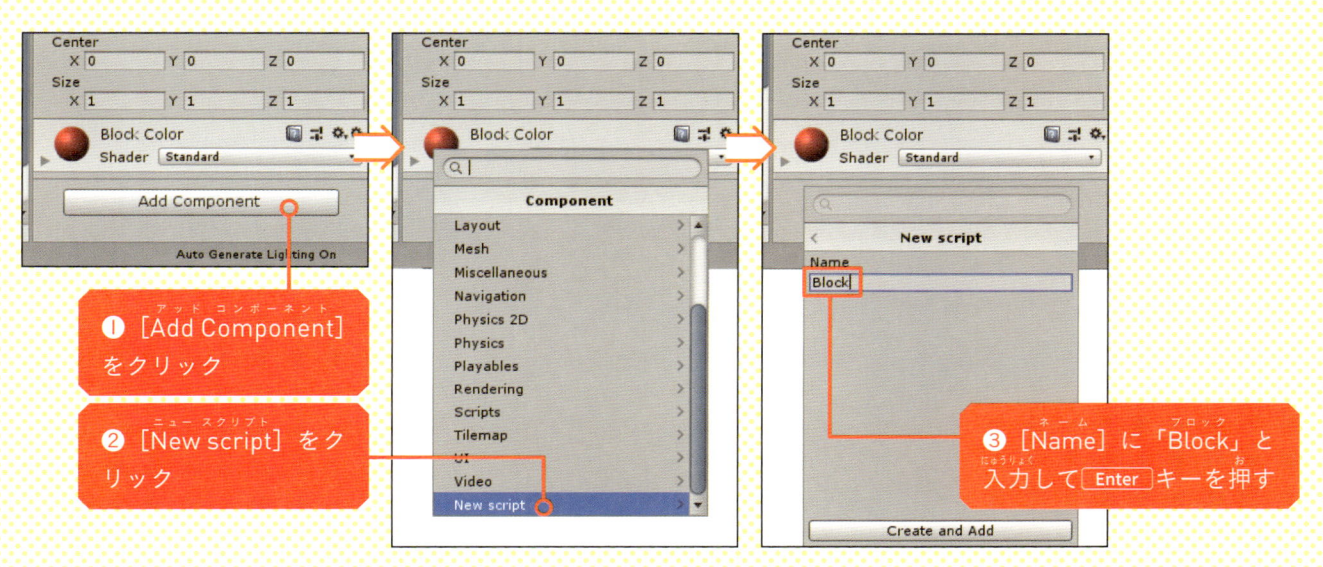

❶ [Add Component]をクリック

❷ [New script] をクリック

❸ [Name] に「Block」と入力して Enter キーを押す

スクリプトをVisual Studioで開いて編集します。今回はStartメソッドもUpdateメソッドも削除します。

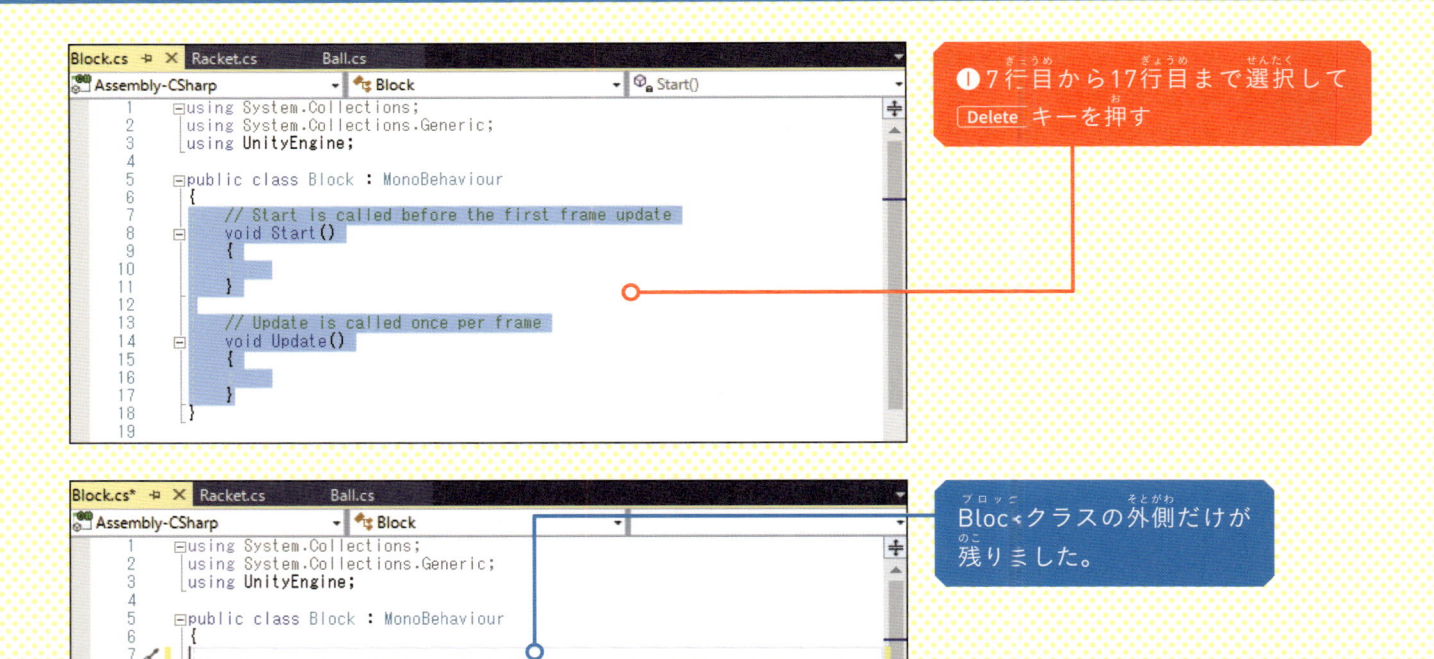

❶7行目から17行目まで選択して Delete キーを押す

Bloc<クラスの外側だけが残りました。

メソッドなくなっちゃったけどいいの？

いいんじゃよ、今回はOnCollisionEnterというメソッドを自分で足すんじゃ

## ■Block.cs

```
5    public class Block : MonoBehaviour{
6        void OnCollisionEnter(Collision collision) {
7            Destroy(this.gameObject);
8        }
9    }
```

## 読み下し文

5 MonoBehaviourをうけついだBlockという名前のパブリックなクラスを作れ {

6 戻り値なし、Collision型の凸collisionを受け取るOnCollisionEnterという名前のメソッドを作れ {

7 このGameObjectを破壊せよ。

8 }

9 }

コリジョン！とか破壊！とか好き！

まぁまぁ興奮しないで。実際に消えるか試してみよう

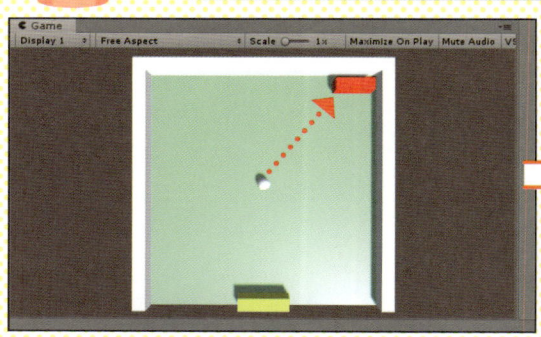

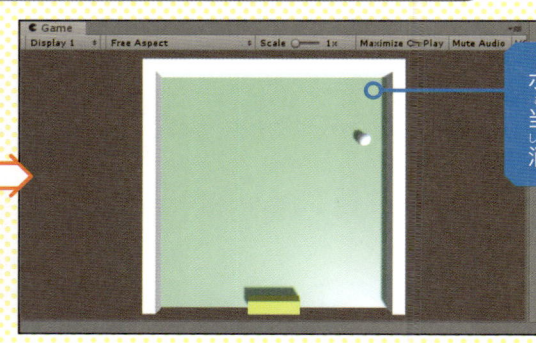

ボールがブロックに当たるとブロックが消滅します。

# OnCollisionEnterメソッドは衝突したときに呼び出される

6行目にCollisionという言葉が何回か出てきとるが、これは「衝突」って意味なんじゃ

Enterは「入る」だから「衝突に入る」ってこと？

そう。「衝突した直後に呼び出す」って意味なんじゃよ

OnCollisionEnterメソッドはGameObjectが衝突した直後に呼び出されるので、そのブロックの中に衝突したときにやりたいことを書きます。

このメソッドのCollisionオブジェクトの引数が「何と衝突したか」といった情報を持っています。また、「GameObjectが衝突したとき」と説明したばかりですが、実際に衝突判定されるのはColliderオブジェクト（コンポーネント）です。このあたりを整理すると次の図のようになります。

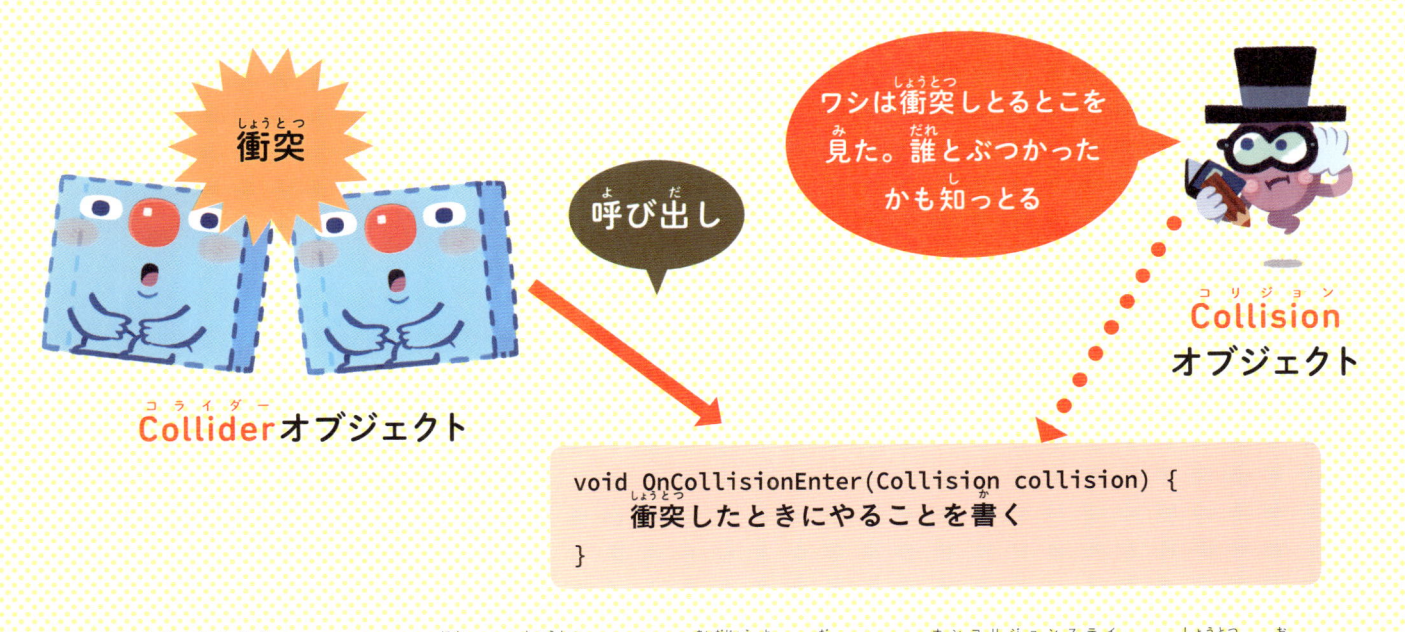

衝突

呼び出し

ワシは衝突しとるとこを見た。誰とぶつかったかも知っとる

Collision
オブジェクト

Colliderオブジェクト

```
void OnCollisionEnter(Collision collision) {
    衝突したときにやることを書く
}
```

OnCollisionEnterメソッドの他に、衝突している間中呼び出されるOnCollisionStayや、衝突が終わったときに呼び出されるOnCollisionExitといったメソッドがあります。

オンコリジョンエンター
OnCollisionEnterメソッドを書くときに、名前や引数、戻り値の型を間違えると呼び出してもらえんぞ。入力候補をうまく使って間違いなく入力しよう

❶「OnCo」と入力

❷↓キーで「OnCollisionEnter」を選択して Enter キーを押す

# ゲームオブジェクトを削除する

OnCollisionEnterメソッドのブロック内に書くのは次のたった1行です。意味も簡単です。

### ■Block.cs

```
7        Destroy(this.gameObject);
```

## 読み下し文

```
7    このGameObjectを破壊せよ。
```

これは簡単だよ。「このGameObjectを破壊しろ」だから「ブロックを破壊しろ」ってことでしょ。破壊！ デストローイ！

そうじゃな。あえて注意すると、「this.gameObject」のところの「g」が小文字だってことじゃ

あ、ホントだ……。大文字にしたらたぶん意味が違うんだよね

小文字ではじまるgameObjectは、オブジェクトが持つプロパティというものです。プロパティは他のオブジェクトにつながっています。今回の例の場合、thisが表すBlockオブジェクトのgameObjectプロパティは、ブロックのGameObjectにつながっています。プロパティをたどって目的のオブジェクトを見つけることができます。

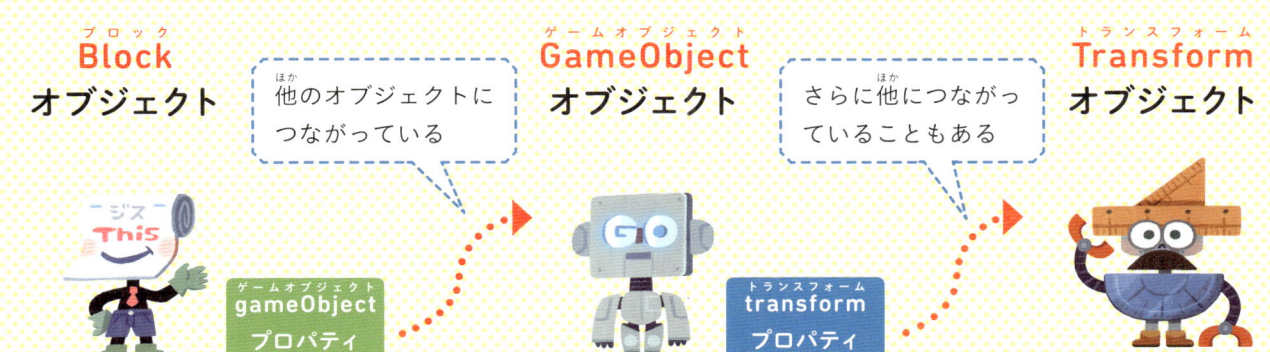

**Block**
オブジェクト

他のオブジェクトにつながっている

**GameObject**
オブジェクト

さらに他につながっていることもある

**Transform**
オブジェクト

gameObject
プロパティ

transform
プロパティ

# 05 | ブロックを手作業で増やす

ブロックがいっぱいいるよね。100個ぐらい？

そんなに入らんじゃろ。とりえあず10個ぐらいかな。同じ種類のGameObjectを増やしたいときはプレハブって機能を使うんじゃ

プレハブって家を建てることだっけ？

建物の部品をあらかじめ（Pre）工場で作っておく（Fabrication＝製造）ことじゃ。それを参考にした機能じゃよ

## GameObjectからプレハブを作る

Unityのプレハブは、作成済みのGameObjectを利用して量産する機能です。GameObjectを単に複製するのとは違い、複数配置したものをあとからまとめて変更することもできます。プレハブの作り方はとても簡単で、GameObjectを［Project］ウィンドウにドラッグ＆ドロップするだけでできあがります。

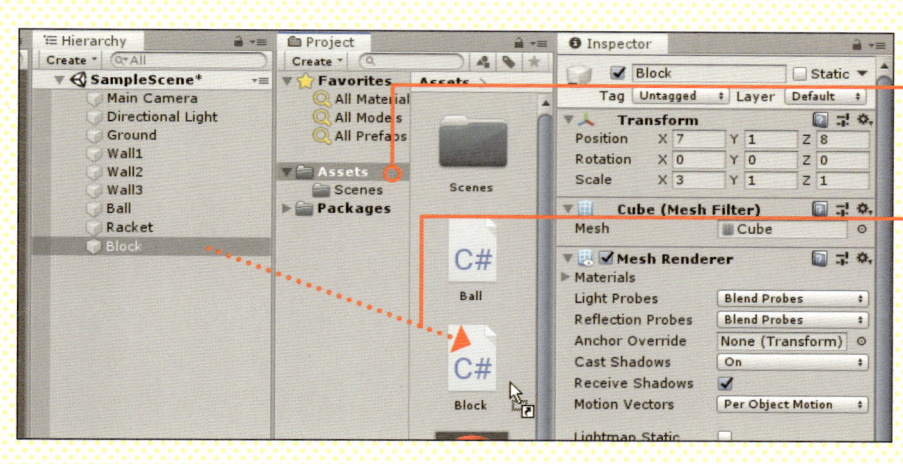

❶ [Project]ウィンドウの[Assets]をクリック

❷ [Hierarchy] ウィンドウのBlockを [Project] ウィンドウにドラッグ＆ドロップ

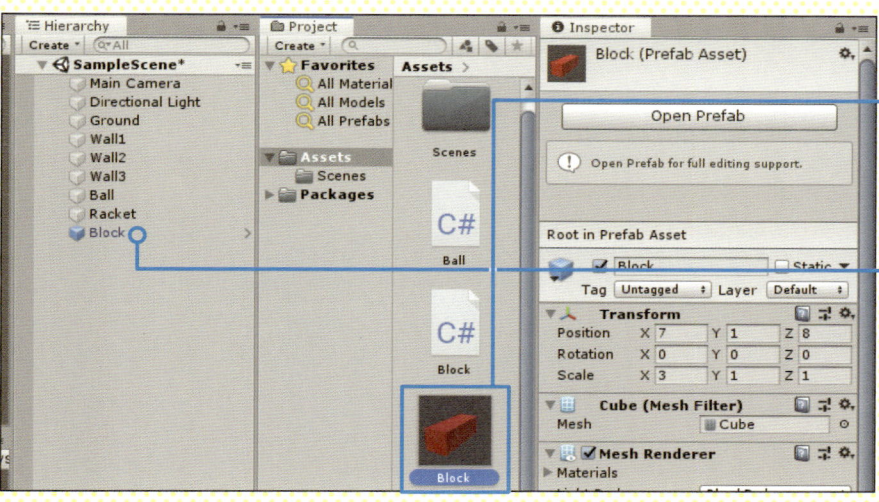

[Project] ウィンドウの中にBlockのプレハブが表示されます。これで作成完了です。

[Hierarchy] ウィンドウのBlockが青いアイコンに変わっています。これはプレハブの複製を表しています。

次はプレハブをもとにGameObjectを作りましょう。操作は先ほどの逆で、[Project] ウィンドウのプレハブを [Hierarchy] ウィンドウか [Scene] ビューにドラッグ＆ドロップします。プレハブから作成したGameObjectはプレハブのインスタンスと呼びます。

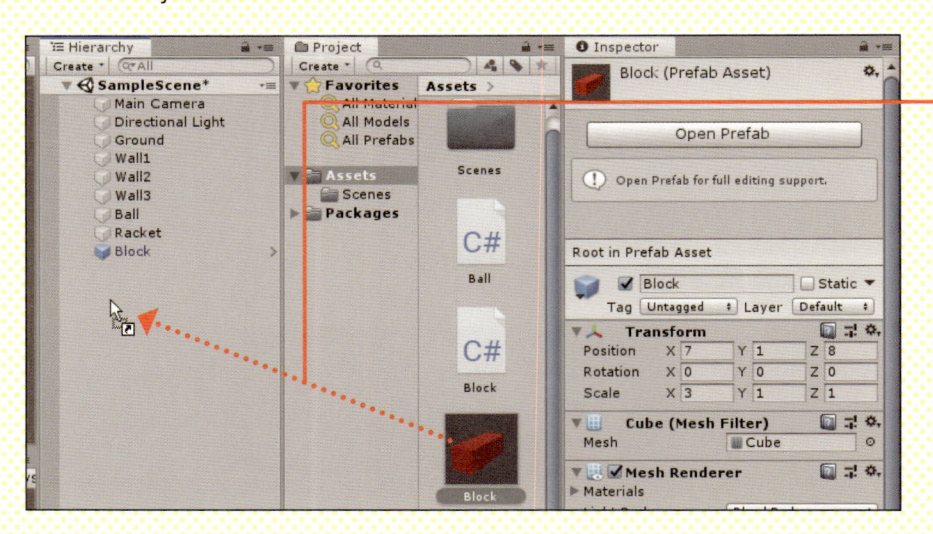

❶プレハブのBlockを [Hierarchy] ウィンドウにドラッグ＆ドロップ

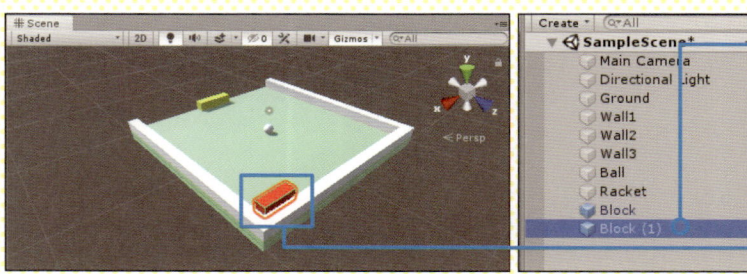

[Hierarchy] ウィンドウに新しくBlock（1）が表示されました。

シーンビューにもBlockが表示されていますが、最初からあるBlockと重なっています。

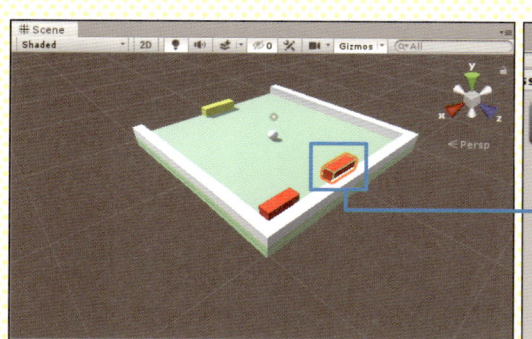
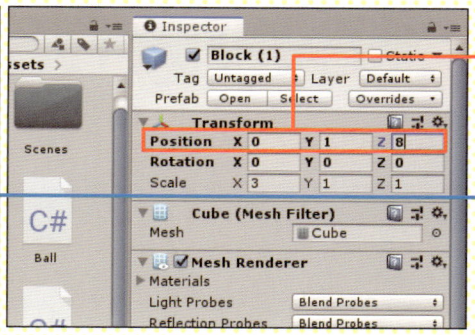

❷ [Position] を「X：0、Y：1、Z：8」に設定

2つのブロックが横に並びます。

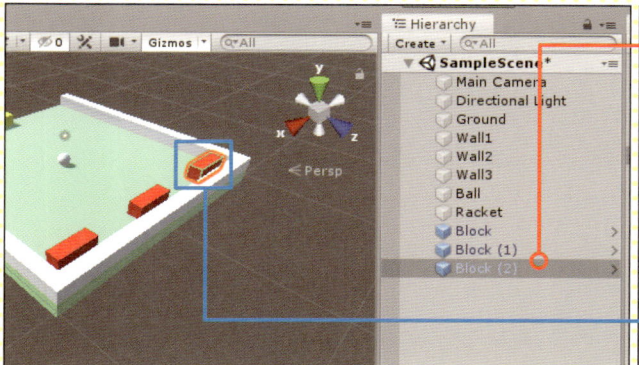
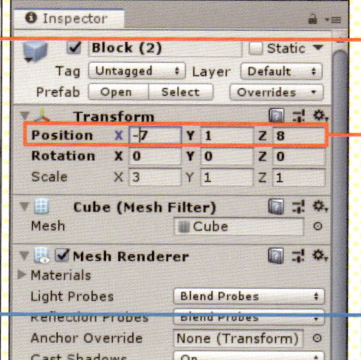

❸ もう1つBlockを作成

❹ [Position] を「X：-7、Y：1、Z：8」に設定

ブロックが横に3つ並びました。

今回はやらないけどプレハブはあとから編集することができるんじゃ。たとえば赤いブロックをまとめて青に変えたりすることもできる

# 06 | ブロックをスクリプトで増やす

## スクリプトで何をするのかを考える

同じ大きさの物体を決まった間隔で置くような作業は、人間よりもスクリプトのほうが得意です。ただし、何をするのかを正確に決めておかないと、スクリプトの書き方も決められません。まずはそこを整理しましょう。

1つのブロックは幅3、高さ1です。ブロックがくっつかないように配置したいので、横の間隔を5、縦の間隔を3とすることにします。これをもとに計算すると、3×3個のブロックを置く場合、それぞれのブロックの位置は次の図のようになります。これを実現するようにスクリプトを書いていきます。

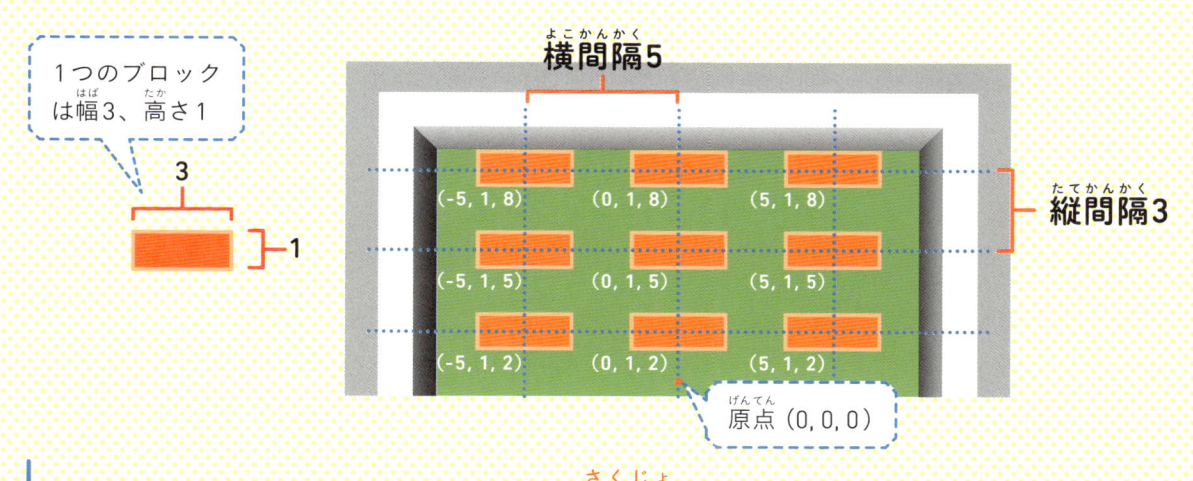

1つのブロック
は幅3、高さ1

横<ruby>間隔<rt>よこかんかく</rt></ruby>5

3

1

(-5, 1, 8)　(0, 1, 8)　(5, 1, 8)

<ruby>縦間隔<rt>たてかんかく</rt></ruby>3

(-5, 1, 5)　(0, 1, 5)　(5, 1, 5)

(-5, 1, 2)　(0, 1, 2)　(5, 1, 2)

<ruby>原点<rt>げんてん</rt></ruby>(0, 0, 0)

# プレハブのインスタンスを<ruby>削除<rt>さくじょ</rt></ruby>する

ブロックをスクリプトで<ruby>配置<rt>はいち</rt></ruby>することにしたので、<ruby>先<rt>さき</rt></ruby>ほど<ruby>手作業<rt>てさぎょう</rt></ruby>で<ruby>配置<rt>はいち</rt></ruby>したブロックは<ruby>不要<rt>ふよう</rt></ruby>です。まとめて<ruby>削除<rt>さくじょ</rt></ruby>してしまいましょう。

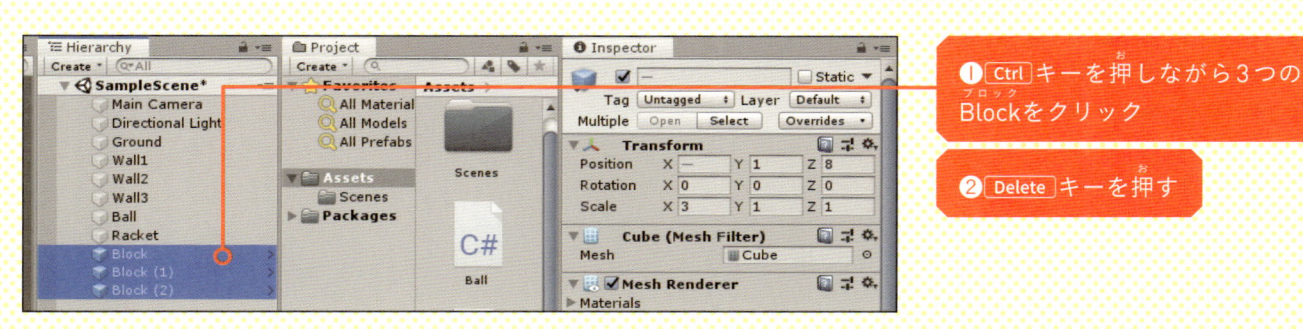

❶ Ctrl キーを<ruby>押<rt>お</rt></ruby>しながら3つの
Blockをクリック

❷ Delete キーを<ruby>押<rt>お</rt></ruby>す

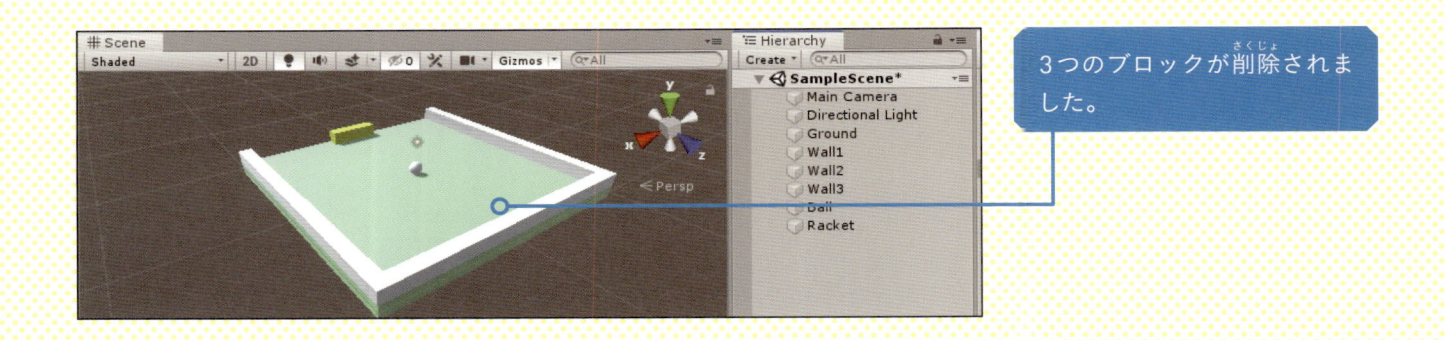

3つのブロックが削除されました。

## 空のGameObjectを作ってスクリプトを追加する

次にスクリプトを追加しますが、スクリプトは何かのGameObjectに追加しなければいけません。ちょうどいいものがないので、空のGameObjectを作ります。

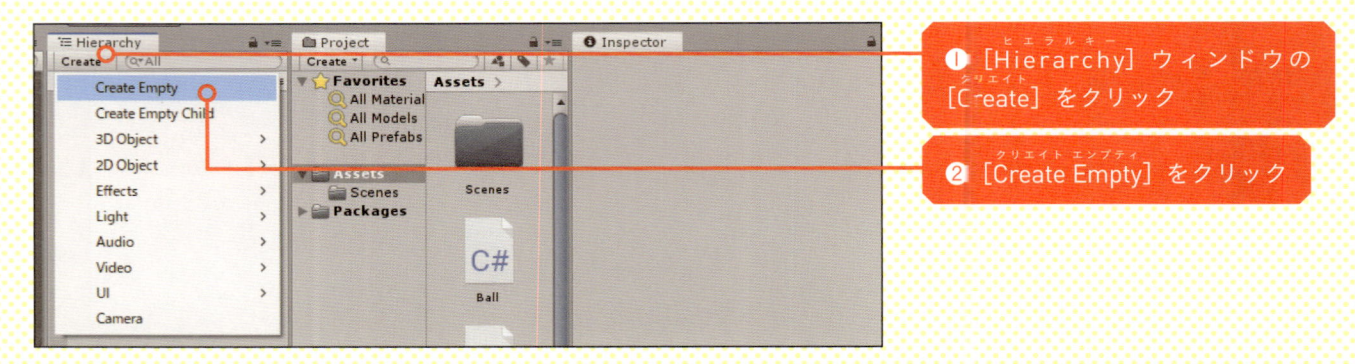

❶ [Hierarchy] ウィンドウの [Create] をクリック

❷ [Create Empty] をクリック

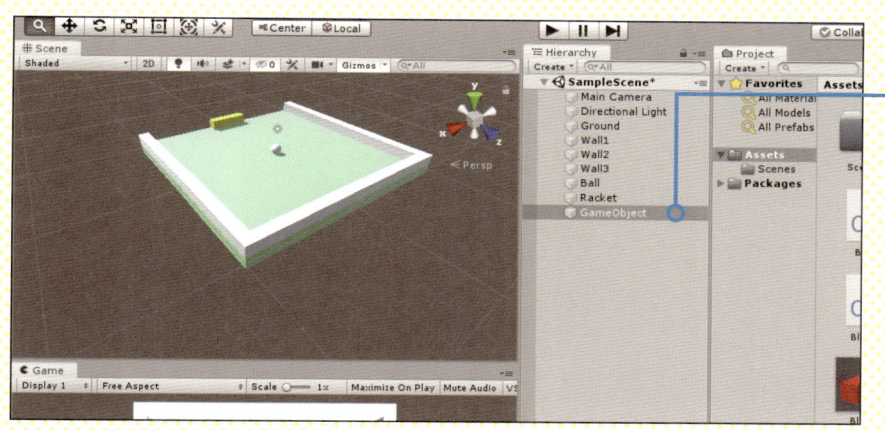

GameObjectという名前のGameObject
ができます。空のGameObjectなので
[Scene] ビューには表示されません。

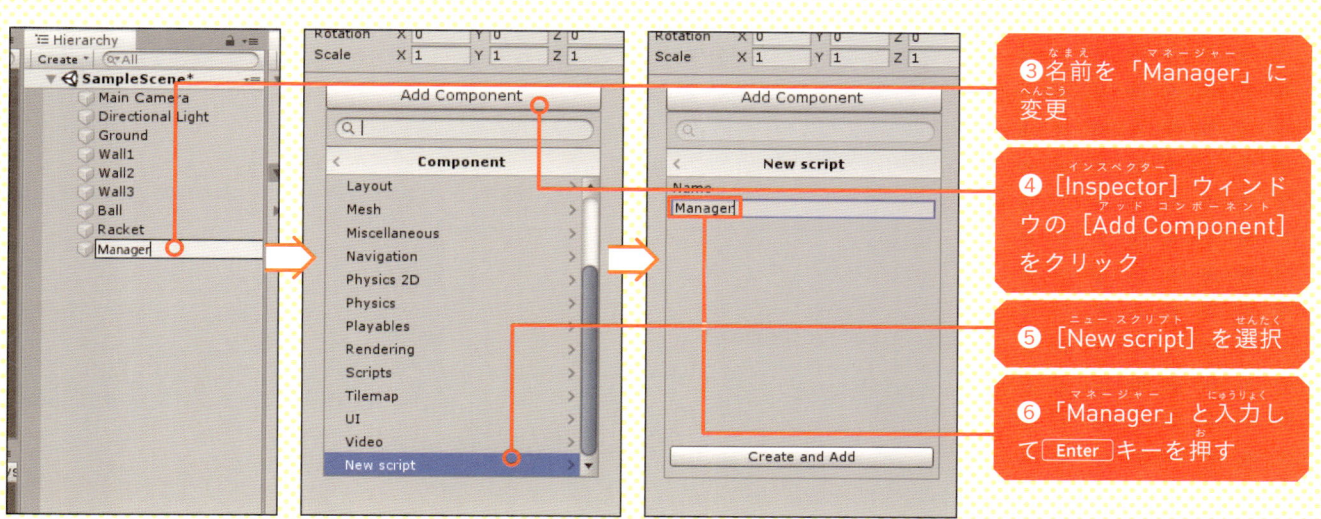

❸名前を「Manager」に
変更

❹ [Inspector] ウィンド
ウの [Add Component]
をクリック

❺ [New script] を選択

❻「Manager」と入力し
て Enter キーを押す

# スクリプトを編集する

Visual StudioでManager.csを開きます。今回はゲームがスタートした時点でブロックを並べたいので、Startメソッド内に処理を書きます。Updateメソッドは使わないので削除します。

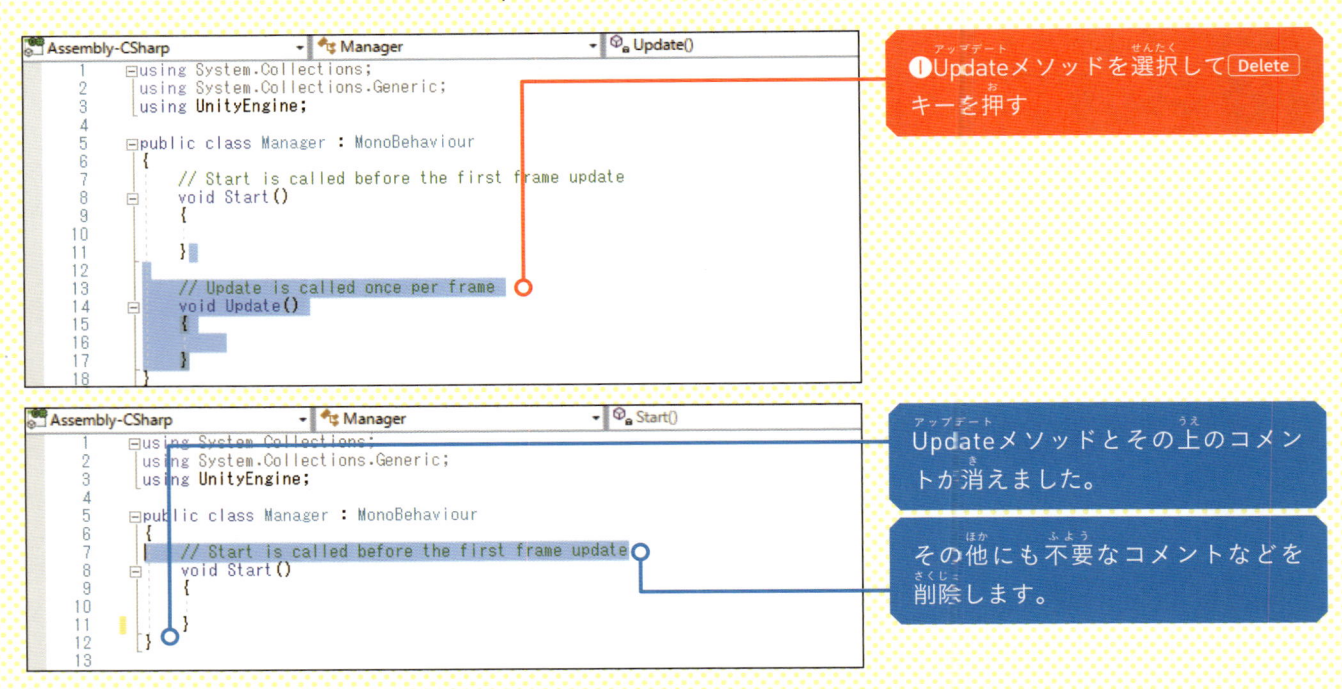

❶Updateメソッドを選択して[Delete]キーを押す

Updateメソッドとその上のコメントが消えました。

その他にも不要なコメントなどを削除します。

次のようにスクリプトを書いていきます。

### ■Manager.cs

```
5   public class Manager : MonoBehaviour {

6       public GameObject PreBlock;

7       void Start() {

8           Vector3 pos = new Vector3(-5, 1, 8);

9           Instantiate(PreBlock, pos, Quaternion.identity);

10          pos = new Vector3(0, 1, 8);

11          Instantiate(PreBlock, pos, Quaternion.identity);

12          pos = new Vector3(5, 1, 8);

13          Instantiate(PreBlock, pos, Quaternion.identity);

14      }

15  }
```

5  MonoBehaviourをうけついだManagerという名前のパブリックなクラスを作れ ｛

6  GameObject型のパブリックな凸PreBlockを作る。

7  戻り値なし、引数なしでStartという名前のメソッドを作れ ｛

8  数-5、数1、数8で新しいVector3オブジェクトを作り、Vector3型の凸posに入れろ。

9  凸PreBlock、凸pos、クォータニオンの無回転でインスタンスを作れ。

10 数0、数1、数8で新しいVector3オブジェクトを作り、凸posに入れろ。

11 凸PreBlock、凸pos、クォータニオンの無回転でインスタンスを作れ。

12 数5、数1、数8で新しいVector3オブジェクトを作り、凸posに入れろ。

13 凸PreBlock、凸pos、クォータニオンの無回転でインスタンスを作れ。

14 ｝

15 ｝

> スクリプトを入力したらさっそく試してみよう。ただし、[Play] ボタンを押す前にやってほしいことがあるんじゃ

Manager.csを上書き保存したら、Unityエディタに切り替え、[Hierarchy] ウィンドウでManagerを選択して [Inspector] ウィンドウを見てください。[Pre Block] というボックスが現れているはずです。そこにBlockのプレハブをドラッグ&ドロップします。

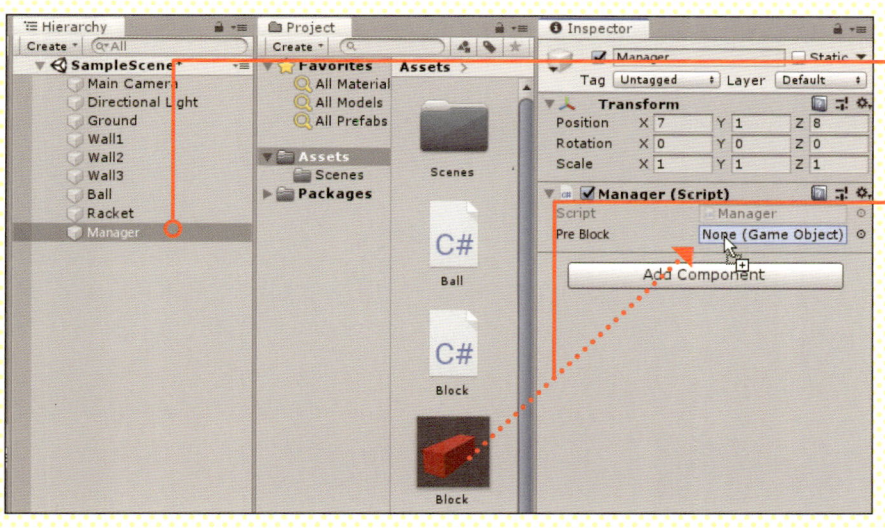

❶ [Hierarchy] ウィンドウで
Managerを選択

❷Blockのプレハブを[Pre Block]
にドラッグ&ドロップ

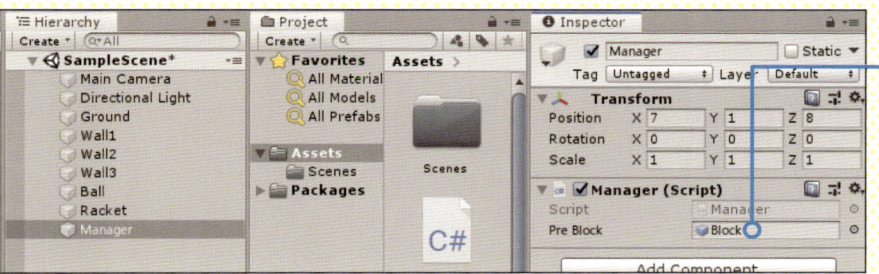

[Pre Block] にBlockと表示され
ます。

詳しくはあとで説明するが、どのプレハブを複製してほしいか
をスクリプトに伝えているんじゃ

[Play] ボタンをクリックしてゲームを実行してみましょう。

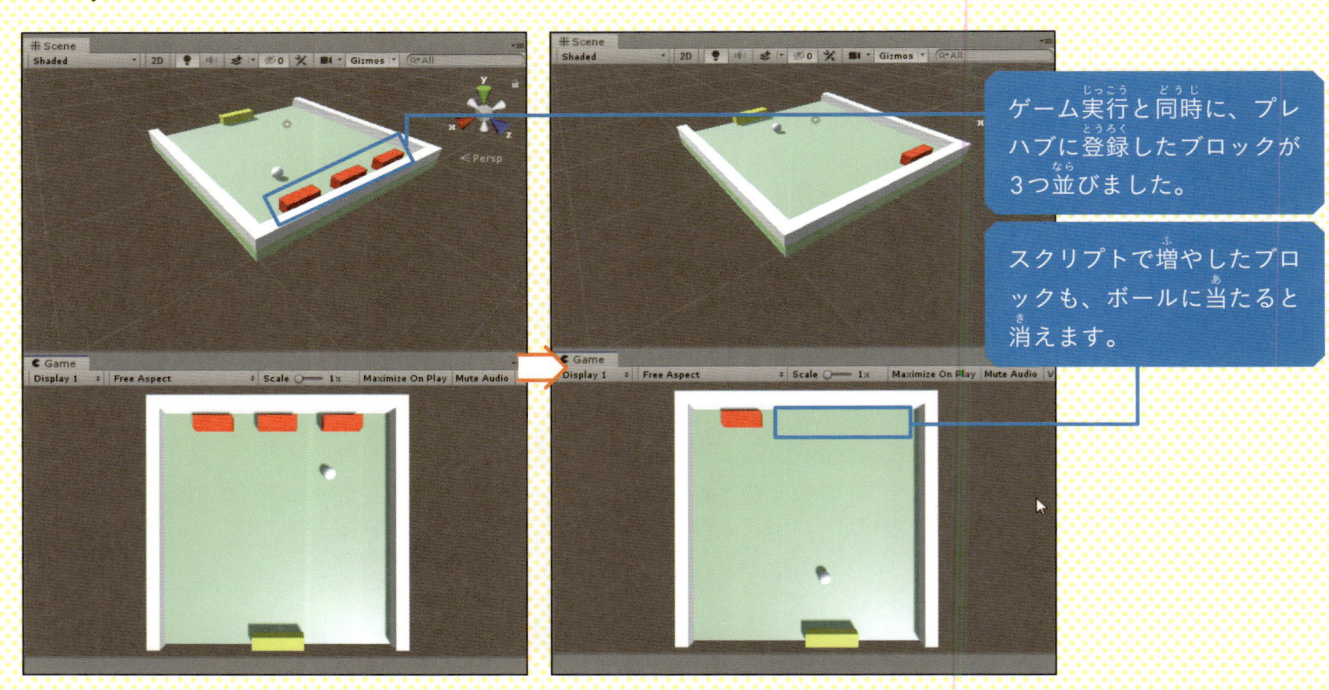

ゲーム実行と同時に、プレハブに登録したブロックが3つ並びました。

スクリプトで増やしたブロックも、ボールに当たると消えます。

手作業で増やしてもスクリプトで増やしても、プレハブ機能を使っていればちゃんと元々の設定が引き継がれるというわけじゃ

# パブリック変数を使ってスクリプトにデータを渡す

 6行目では「パブリック変数」というものを作っている

## ■Manager.csの5〜7行目

```
5   public class Manager : MonoBehaviour {
6       public GameObject PreBlock;
7       void Start() {
```

## 読み下し文

5　MonoBehaviourをうけついだManagerという名前のパブリックなクラスを作れ｛

6　GameObject型のパブリックな凸PreBlockを作る。

7　戻り値なし、引数なしでStartという名前のメソッドを作れ｛

パブリック変数は、これまでの変数と同じくオブジェクトを入れるための箱です。ただし、大きな違いがあります。それはPublicつまり公開されているので、外部から利用できるということです。先ほど

[Inspector] ウィンドウに [Pre Block] が表示されていたのも、パブリック変数にしたからです。
パブリック変数の作り方には2つの決まりがあります。

・先頭に「public」を付ける
・メソッドのブロック内ではなく、クラスのブロックの直下に作る

ちなみに [Pre Block] にプレハブを設定しないまま実行すると、
こんな感じのエラーが表示される

① UnassignedReferenceException: The variable PreBlock of Manager has not been assigned.

Unityエディタの左下にエラーが表示されます。

UnassignedReferenceException: The variable PreBlock of Manager

has not been assigned.

## 読み下し文

割り当てられていない参照の例外：Managerクラスの変数PreBlockに割り当てされていない。

# プレハブのインスタンスを作る

Startメソッドの中を見ていこう。8、9行目でブロックを1つ配置している

## ■Manager.csの8、9行目

8
```
Vector3 pos = new Vector3(-5, 1, 8);
```

9
```
Instantiate(PreBlock, pos, Quaternion.identity);
```

## 読み下し文

8　数-5、数1、数8で新しいVector3オブジェクトを作り、Vector3型の凸posに入れろ。

9　凸PreBlock、凸pos、クォータニオンの無回転でインスタンスを作れ。

Instantiateメソッドは、プレハブやGameObjectを元にして新しいGameObjectを作ります。引数としてGameObject、Vector3型の位置、Quaternion型の角度を受け取ります。

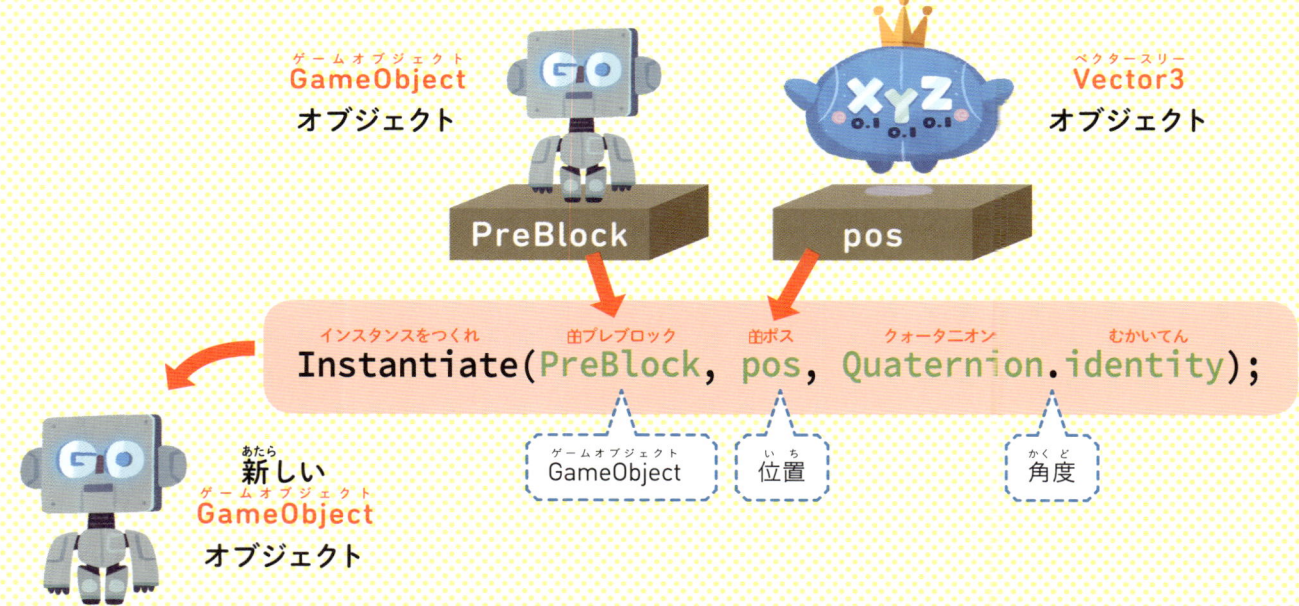

**GameObject** オブジェクト

**Vector3** オブジェクト

PreBlock

pos

```
Instantiate(PreBlock, pos, Quaternion.identity);
```

インスタンスをつくれ　出プレブロック　出ポス　クォータニオン　むかいてん

GameObject　位置　角度

新しい **GameObject** オブジェクト

Quaternionってなぁに？　オニオンの親戚？

日本語では四元数といって数学用語なんじゃが、今のところQuaternion.identityと書くと「無回転」って意味になると覚えておけばいい

Instantiateメソッドは Destroy メソッドの逆だね

# 残り2つのブロックを作る

残りの10〜13行目じゃが、これは8、9行目の繰り返しじゃ。位置を変えてInstantiateメソッドを呼び出している

## ■Manager.csの10〜13行目

```
10    pos = new Vector3(0, 1, 8);
11    Instantiate(PreBlock, pos, Quaternion.identity);
12    pos = new Vector3(5, 1, 8);
13    Instantiate(PreBlock, pos, Quaternion.identity);
```

8行目の先頭はVector3だけど、こっちはないね

8行目で作った変数posを使い回しとるからじゃよ。逆に先頭にVector3を付けると、「同じ名前の変数を作ろうとしている」というエラーが出るぞ

# 07 ┃ for文を使って繰り返す

さっきのスクリプトだと、ブロックの数だけ同じことを書かなきゃいけないのが欠点なんじゃ

コピペすればいいじゃ〜ん。 Ctrl + C 、 Ctrl + V で増やせるよ

100個作るときに100回コピペしてたら大変じゃろ？ もっといいやり方があるんじゃ

## 同じ仕事を繰り返すときは繰り返し文を使う

プログラミング言語には「ほとんど同じ仕事を繰り返す」ための繰り返し文というものがあります。これを使うと、同じことは1回書くだけですみます。

でもブロックの位置が違うじゃん。コピペのほうがよくない？

それはfor文を使えば何とかできるぞい

for文は繰り返し文の一種で、繰り返しながら変数に入れた数を増やすことができます。たとえば以下のfor文は変数xの中の数を0、1、2と増やし、3になるまで繰り返します。

> 変数を作って最初の数を入れる

> 繰り返し続ける条件を書く

> 波カッコのあとで変数の数を増やす

```
あいだくりかえせ フロートがた 囲x いれる かず0    囲x いか かず3    囲x たしていれろ かず1
for ( float x = 0; x <= 3; x += 1) {
        繰り返したい文

}
```

> 波カッコの中に繰り返したい文を書く

**読み下し**

最初にfloat型の囲xに数0を入れ、「囲xは数3以下」が正しい間、繰り返せ {

　　繰り返したい文

} 囲xに数1を足して入れろ。

実際に使ってどんな働きをするのか見ていきましょう。

# for文で3つのブロックを並べる

Manager.csのStartメソッドの中を次のように書き替えてください。

## ■Manager.cs

```
5   public class Manager : MonoBehaviour {

6       public GameObject PreBlock;

7       void Start() {

8           for  (float x = -5; x <= 5; x  +=  5) {

9               Vector3 pos = new Vector3(x, 1, 8);

10              Instantiate(PreBlock, pos, Quaternion.identity);

11          }

12      }

13  }
```

## 読み下し文

5　MonoBehaviourをうけついだManagerという名前のパブリックなクラスを作れ｛

6　GameObject型の田PreBlockを作る。

7　戻り値なし、引数なしでStartという名前のメソッドを作れ｛

8　最初にfloat型の田xに数-5を入れ、「田xは数5以下」が正しい間、繰り返せ｛

9　田x、数1、数8で新しいVector3オブジェクトを作り、Vector3型の田posに入れろ。

10　田PreBlock、田pos、クォータニオンの無回転でインスタンスを作れ。

11　｝田xに数5を足して入れろ。

12　｝

13　｝

これを上書き保存してゲームを実行すると、前のスクリプトと同じようにブロックが3つ並びます。

ゲーム実行と同時にブロックが3つ並びました。

へー、どうしてこうなるんだろう？

for文の波カッコ内の9、10行目を見てください。「Vector3()」の1つ目の引数のところにxと書いています。これは「ここで変数xを使う」という意味です。変数xの内容が-5→0→5と変われば、(-5, 1, 8)(0, 1, 8)(5, 1, 8)の位置にブロックが作られることになります。

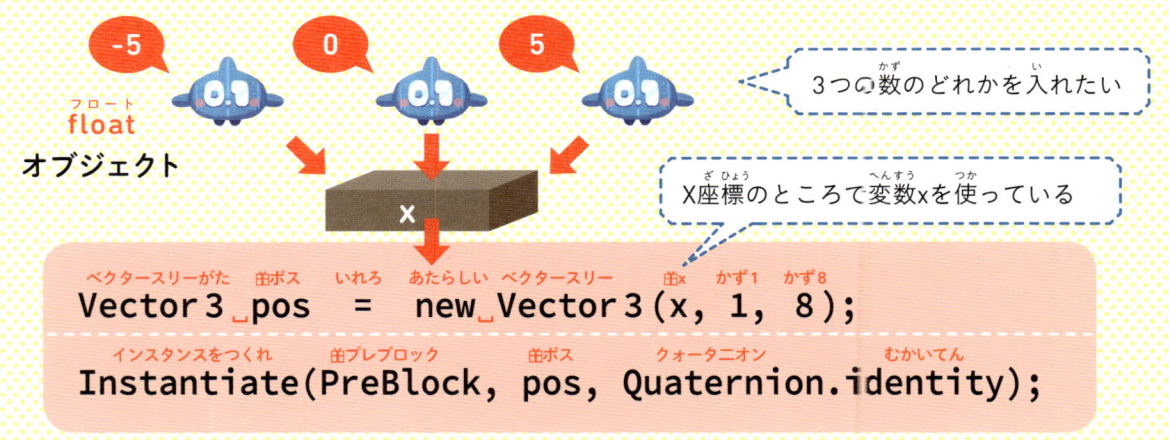

3つの数のどれかを入れたい

float
オブジェクト

X座標のところて変数xを使っている

```
Vector3 pos  =  new Vector3(x, 1, 8);
Instantiate(PreBlock, pos, Quaternion.identity);
```

これを頭に入れて8行目のfor文を見てみましょう。for文のカッコ内には「;(セミコロン)」で区切って3つの式を書きます。

変数xを作って最初に-5を入れる

変数xが5以下の間繰り返す

波カッコのあとで変数xの数を5増やす

```
for  (float x = -5;  x <= 5;  x += 5 ) {
```

この3つの式は、「繰り返しをはじめる前」「for文の波カッコの前」「for文の波カッコのあと」に実行されます。そして「<=（小なりイコール）」は「○○以下」、「+=（プラスイコール）」は「足して入れる」という意味です。これを踏まえて流れを図で表すと次のようになります。

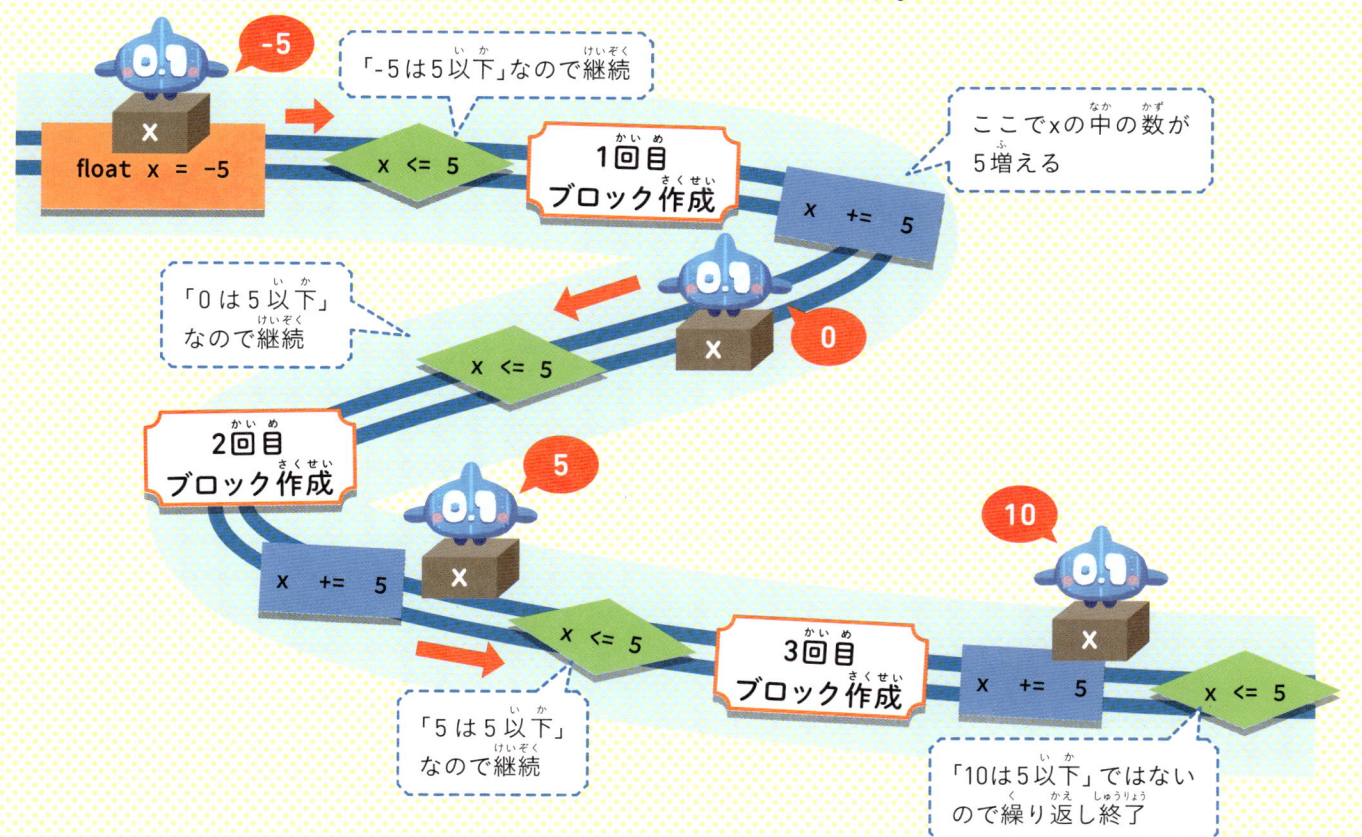

# ブロックを横3×縦3の9個並べる

次は横に3個、縦に3個、合わせて9個並べるようにしてみましょう。Manager.csのStartメソッドを次のように書き替えてください。

■ Manager.cs

```
 7    void Start() {
 8        for (float x = -5; x <= 5; x += 5) {
 9            for (float z = 2; z <= 8; z += 3) {
10                Vector3 pos = new Vector3(x, 1, z);
11                Instantiate(PreBlock, pos, Quaternion.identity);
12            }
13        }
14    }
```

## 読み下し文

7　戻り値なし、引数なしでStartという名前のメソッドを作れ {

8　　最初にfloat型の$x$に数5を入れ、「$x$は数5以下」が正しい間、繰り返せ {

9　　　最初にfloat型の$z$に数2を入れ、「$z$は数8以下」が正しい間、繰り返せ {

10　　　$x$、数1、$z$で新しいVector3オブジェクトを作り、Vector3型の$pos$に入れろ。

11　　　$PreBlock$、$pos$、クォータニオンの無回転でインスタンスを作れ。

12　　　} $z$に数3を足して入れろ。

13　　} $x$に数5を足して入れろ。

14　}

ゲームを実行してどうなるか試してみましょう。

やった！　これでブロックくずし完成じゃん！

ゲーム実行と同時にブロックが3×3個並びました。

155

 for文の波カッコの中にfor文を入れたんだけどわかるかな？

ややこしいね〜。でもzも2→5→8って変えてるってことだよね

 そういうこっちゃ。for文の数をいろいろと変えてみて、ブロックの数を増やしたり減らしたりしてみれば理解が深まるぞ

---

## 「MonoBehaviourをうけついだ」って何のこと？

これまで説明してこなかったのですが、スクリプトの読み下し文に「MonoBehaviourをうけついだ」とありますね。これは「: MonoBehaviour」の部分を日本語に訳したものです。これを書くとMonoBehaviourオブジェクトの力をうけついだクラスを作ることができます。MonoBehaviourオブジェクトはとても重要な役割を持っていて、これをうけついだクラスでないと、コンポーネントとしてGameObjectに追加することができません。

よくゲームで、「『伝説の勇者』の血をうけついだ勇者」が出てきますが、MonoBehaviourオブジェクトもその伝説の勇者みたいなものと考えてください。

# 迷路で追いかけっこ ゲームを作ろう

# 01 | チャプター5で作るゲーム

 今度は迷路の中で追いかけっこするゲームを作ろう

うーん、どんなゲーム？ イメージわかないな

 こんな感じで、迷路の中を動き回れるんじゃよ

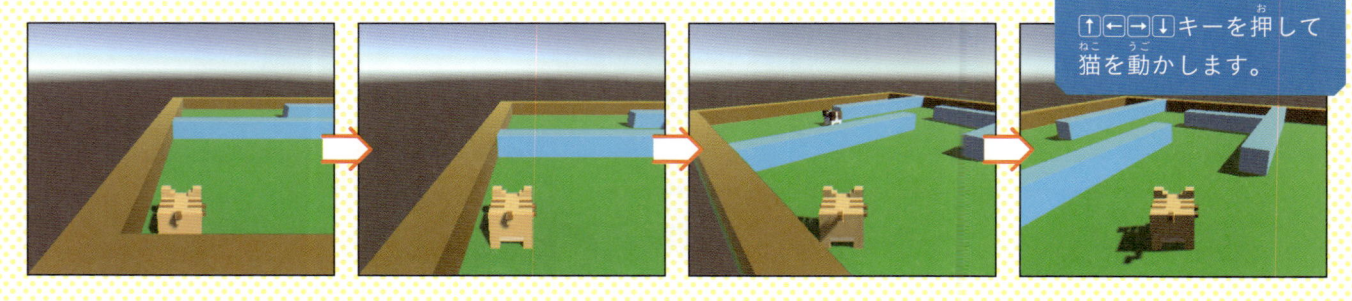

↑←→↓キーを押して猫を動かします。

 迷路の中を犬がうろついているんで、つかまらないように避けながら進もう。といっても追いかけてくるわけじゃないから、むずかしくはないんじゃが

犬につかまらないよう避けましょう。

へー、本格的な3Dゲームって感じ。作るのむずかしそうだ

いやいや、意外とブロックくずしと作り方が同じところが多いんじゃよ。カメラが動くから、イメージが違うけど

---

🍪 おやつタイム 🍩

---

# MagicaVoxelでモデルを作る

このゲームで使用しているキャラクターのモデルは、MagicaVoxelという無料のツールで作成しています。キューブを並べてモデルを作成するので、3Dモデル作りになれていない人でも、簡単にイメージどおりに作れます。

●MagicaVoxelダウンロードページ：https://ephtracy.github.io/

# 02 | 3D迷路を作る

まずはCubeをいくつか配置して迷路を作っていこうか

あれ？　前もやったような気がする

外側の壁を作るまではブロックくずしと一緒じゃな

Wall 1 は
[Position] X：0、Y：1、Z：9.5
[Scale] X：20、Y：1、Z：1

Wall 3 は
[Position] X：-9.5、Y：1、Z：0
[Scale] X：1、Y：1、Z：20

Ground は
[Position] X：0、Y：0、Z：0
[Scale] X：20、Y：1、Z：20

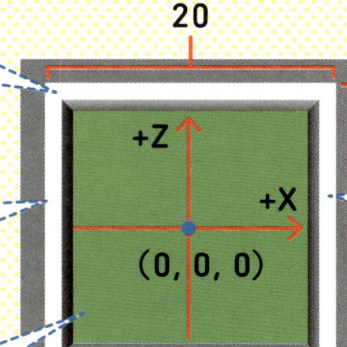

20

20

+Z

+X

(0, 0, 0)

Wall 2 は
[Position] X：9.5、Y：1、Z：0
[Scale] X：1、Y：1、Z：20

Wall 4 は
[Position] X：0、Y：1、Z：-9.5
[Scale] X：20、Y：1、Z：1

# 迷路ゲーム用のプロジェクトを作る

最初にこのゲーム用のプロジェクトを作りましょう。Unity Hubを起動し、3Dゲーム用のプロジェクトを作成します。プロジェクト名は「FuriMaze」とします。

❶ チャプター2と同じ手順でUnity Hubを起動

❷ [新規作成] をクリック

❸ [3D] をクリック

❹ 「FuriMaze」と入力

❺ [作成] をクリック

## 迷路の床を作る

ブロックくずしと同じように、[Hierarchy] ウィンドウで [Create] - [3D Object] - [Cube] をクリックしてCubeを作り、位置とサイズを整えます。

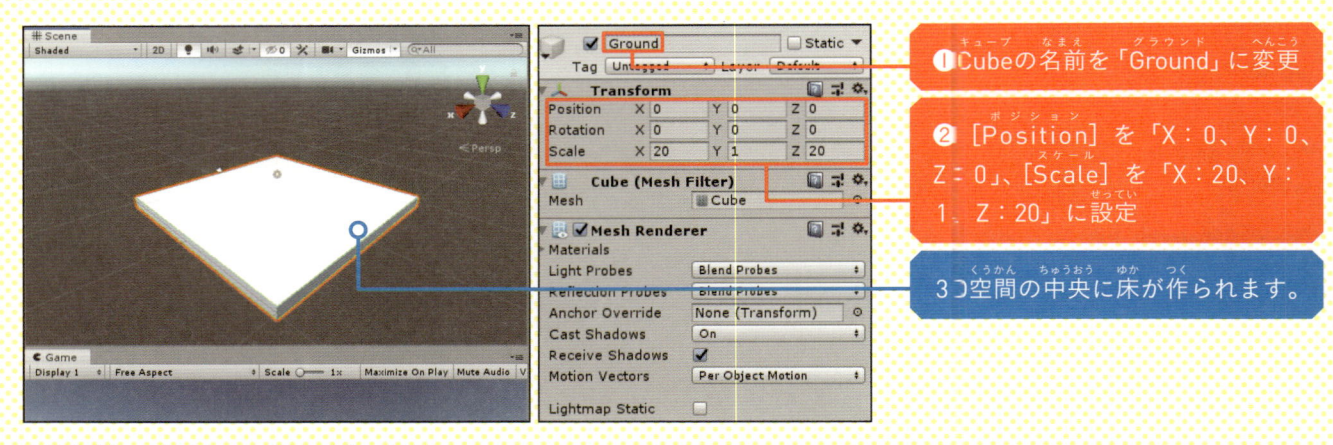

❶Cubeの名前を「Ground」に変更

❷ [Position] を「X：0、Y：0、Z：0」、[Scale] を「X：20、Y：1、Z：20」に設定

3つ空間の中央に床が作られます。

Materialを作成し、床の色を設定します。

Materialって何だっけ？

Cubeの扱いや、色の作り方を忘れてしまったら、38ページを読み返してくれ

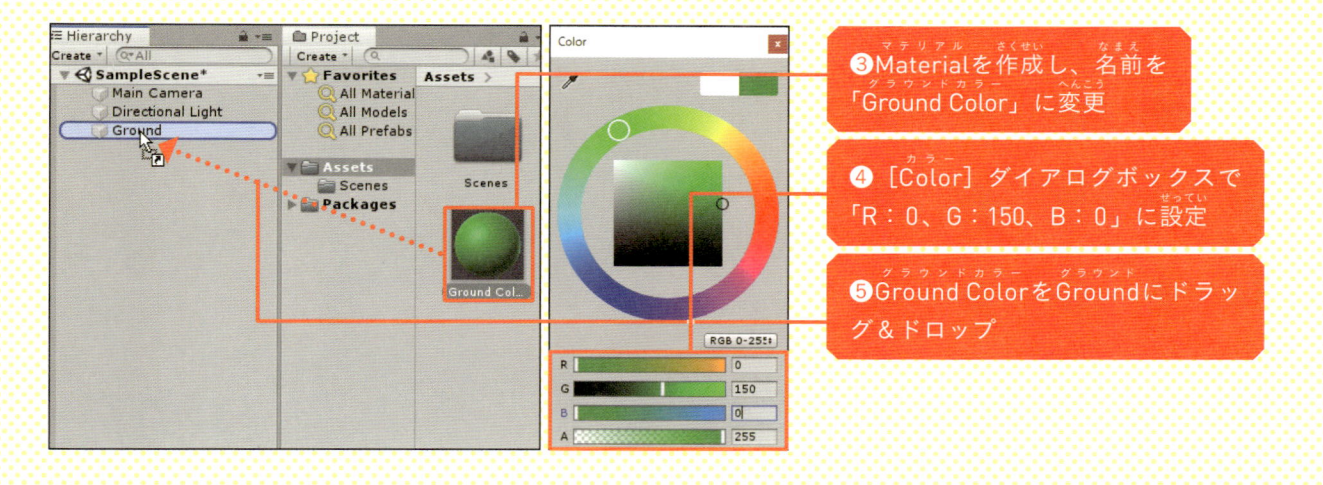

❸Materialを作成し、名前を「Ground Color」に変更

❹ [Color] ダイアログボックスで「R：0、G：150、B：0」に設定

❺Ground ColorをGroundにドラッグ＆ドロップ

## 迷路の外側の壁を作る

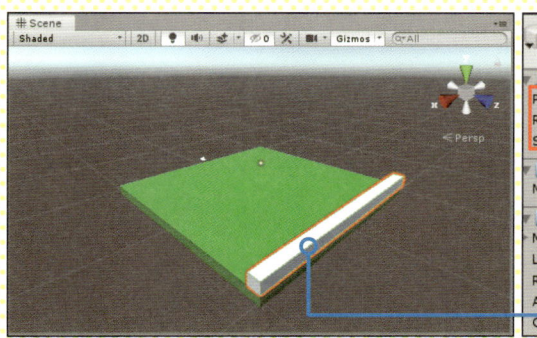

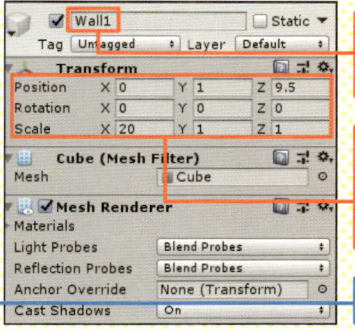

❶Cubeを作成し、名前を「Wall1」に変更

❷ [Position] を「X：0、Y：1、Z：9.5」、[Scale] を「X：20、Y：1、Z：1」に設定

壁が1つできました。

❸Materialを作成し、名前を「Wall Color」に変更

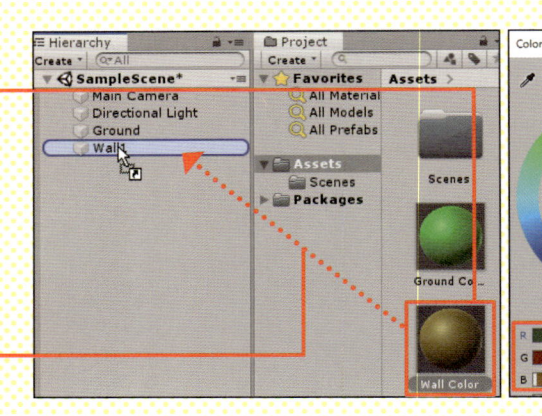

❹[Color] ダイアログボックスで「R：150、G：100、B：0」に設定

❺Wall ColorをWall 1にドラッグ＆ドロップ

[Hierarchy] ウィンドウでWall 1を右クリックして [Duplicate] をクリックし、複製からWall 2～4を作ります。

❻Wall 2の [Position] を「X：9.5、Y：1、Z：0」、[Scale] を「X：1、Y：1、Z：20」に設定

❼Wall 3の [Position] を「X：-9.5、Y：1、Z：0」、[Scale] を「X：1、Y：1、Z：20」に設定

❽Wall 4の [Position] を「X：0、Y：1、Z：-9.5」、[Scale] を「X：20、Y：1、Z：1」に設定

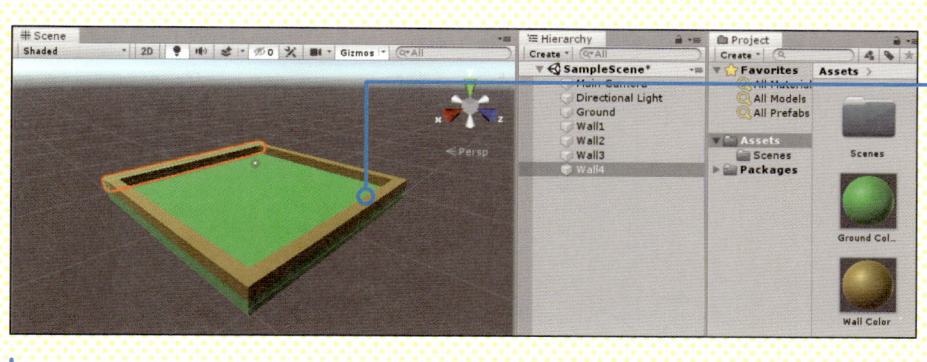

床の周りを囲む壁ができました。

## 迷路の内側の壁を作る

今度は内側の壁を4つ作りましょう。位置とサイズは次のように設定します。

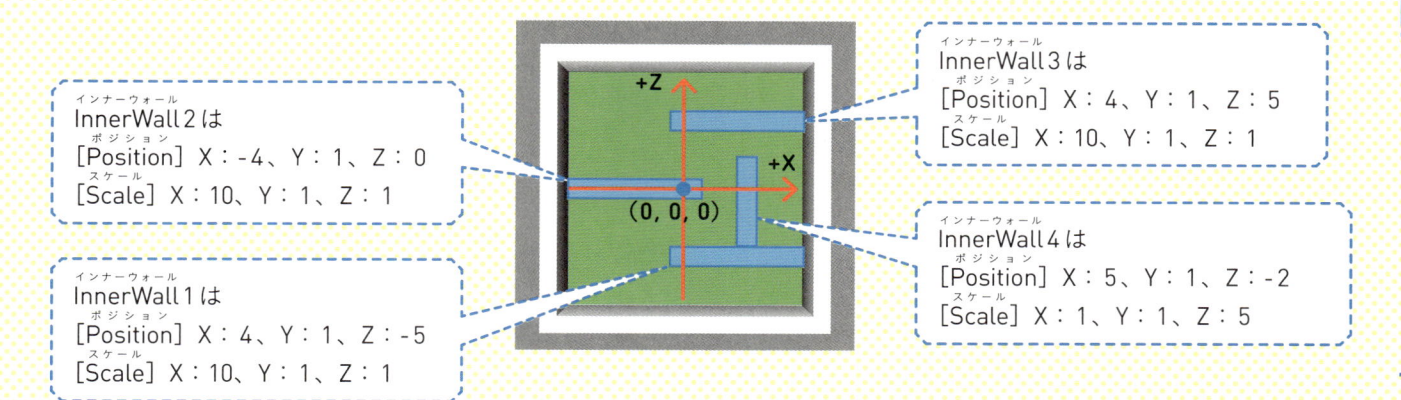

InnerWall 3 は
[Position] X：4、Y：1、Z：5
[Scale] X：10、Y：1、Z：1

InnerWall 2 は
[Position] X：-4、Y：1、Z：0
[Scale] X：10、Y：1、Z：1

InnerWall 4 は
[Position] X：5、Y：1、Z：-2
[Scale] X：1、Y：1、Z：5

InnerWall 1 は
[Position] X：4、Y：1、Z：-5
[Scale] X：10、Y：1、Z：1

1つ目のInnerWall1を作成し、位置とサイズ、色を設定します。

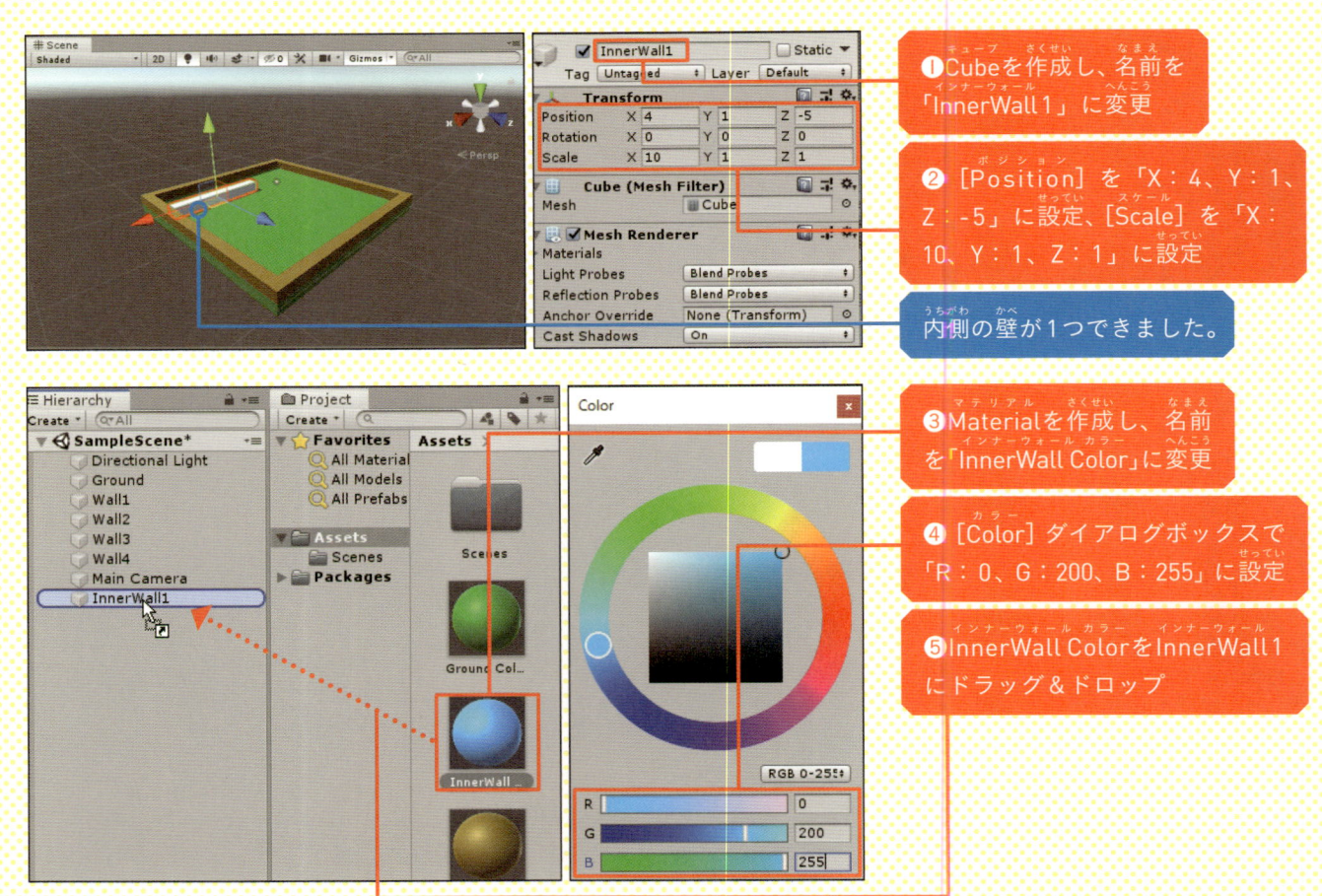

❶Cubeを作成し、名前を「InnerWall1」に変更

❷[Position]を「X:4、Y:1、Z:-5」に設定、[Scale]を「X:10、Y:1、Z:1」に設定

内側の壁が1つできました。

❸Materialを作成し、名前を「InnerWall Color」に変更

❹[Color]ダイアログボックスで「R:0、G:200、B:255」に設定

❺InnerWall ColorをInnerWall1にドラッグ＆ドロップ

インナーウォール ふくせい インナーウォール さくせい
InnerWall1を複製してInnerWall2〜4を作成します。

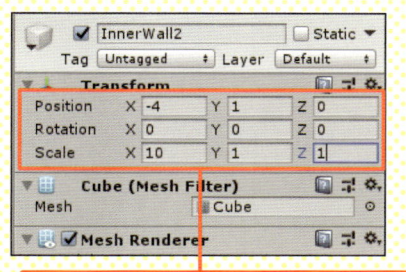 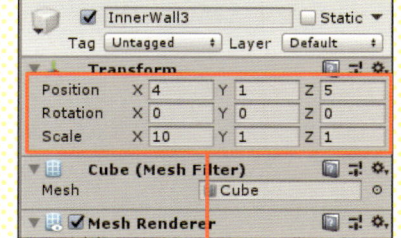 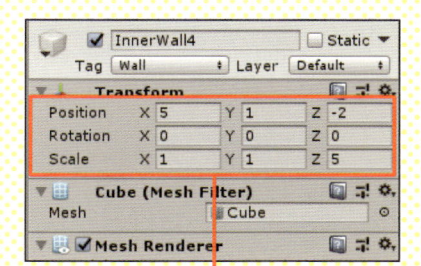

❻InnerWall2の[Position]を「X：
-4、Y：1、Z：0」、[Scale]を「X：
10、Y：1、Z：1」に設定

❼InnerWall3の[Position]を「X：
4、Y：1、Z：5」、[Scale]を「X：
10、Y：1、Z：1」に設定

❽InnerWall4の [Position] を
「X：5、Y：1、Z：-2」、[Scale]
を「X：1、Y：1、Z：5」に設定

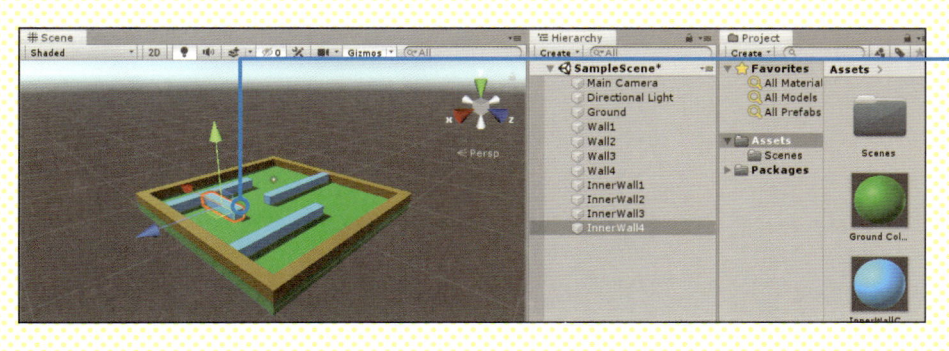

めいろ
迷路ができました。

うちがわ かべ いち す か
内側の壁の位置は好きなように変えてしまってもいいぞ

# 03 | 猫のキャラクターを用意する

次は自分で動かすキャラクターを用意しよう。これまではCube
ばっかりだったけど、今回はモデルを読み込むんじゃ

カクカクの猫ちゃんいいね！

ゲームの主人公になる猫のモデル
を読み込みます。

## モデルを読み込む

猫のモデルはサンプルファイルとして用意しているので（255ページ参照）、これをUnityのプロジェクト
に読み込みます。読み込み方法は［Project］ウィンドウにドラッグ＆ドロップするだけです。1つのモ
デルは3つのファイル（objファイル、mtlファイル、pngファイル）で構成されており、合わせて6つの
ファイルをまとめてドラッグ＆ドロップします。

❶ ［Assets］フォルダ
をクリック

❷モデルのファイルを
ドラッグ＆ドロップ

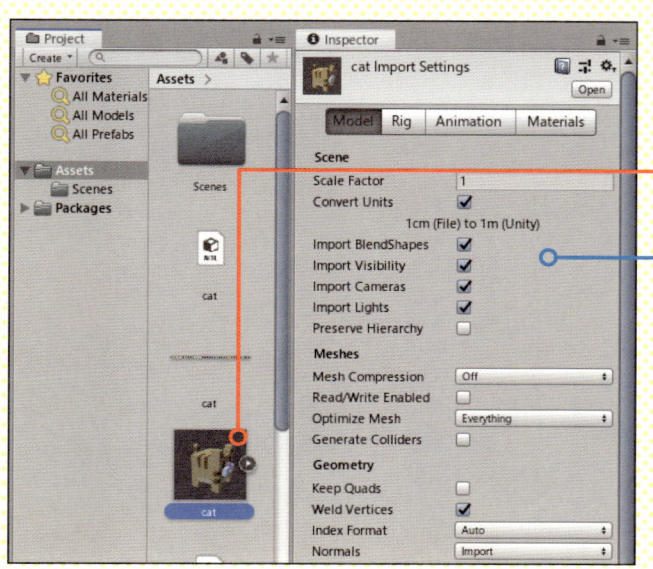

猫のモデルのアイコンが表示
されています。

❸アイコンをクリック

［Inspector］ウィンドウにモ
デルの情報が表示されます。

# 猫を迷路の中に置く

猫のモデルのアイコンを［Hierarchy］ウィンドウにドラッグ＆ドロップすると、3D空間に配置することができます。

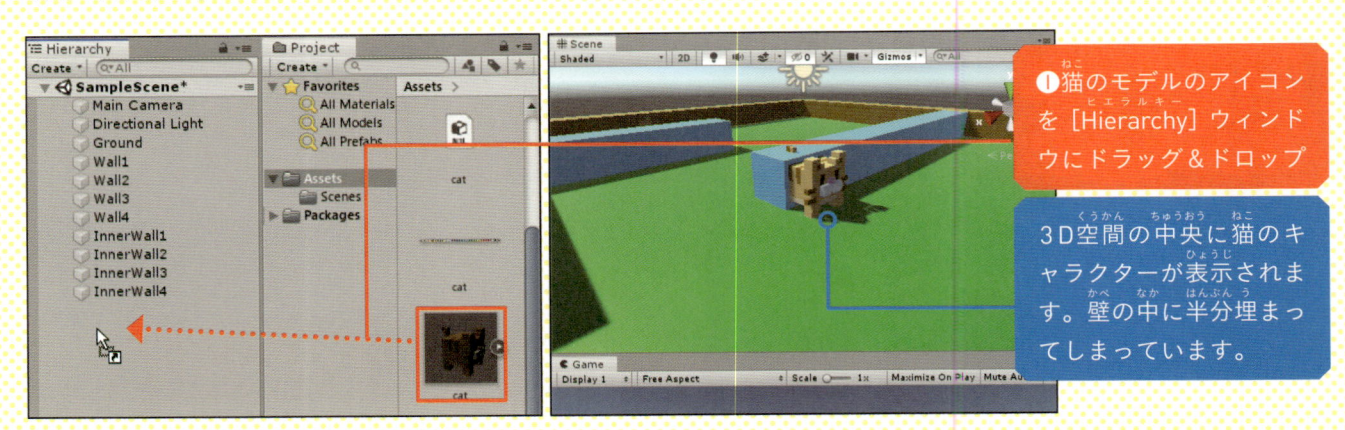

❶猫のモデルのアイコンを［Hierarchy］ウィンドウにドラッグ＆ドロップ

3D空間の中央に猫のキャラクターが表示されます。壁の中に半分埋まってしまっています。

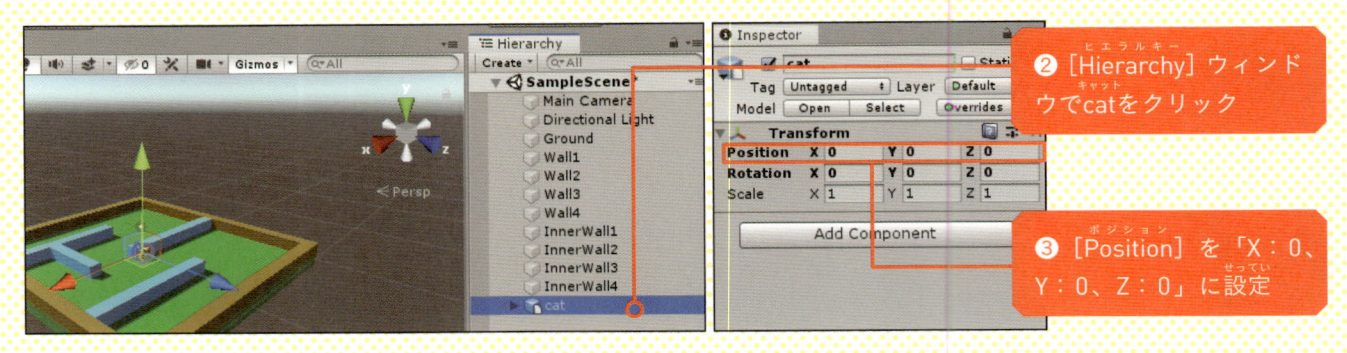

❷［Hierarchy］ウィンドウでcatをクリック

❸［Position］を「X：0、Y：0、Z：0」に設定

次に猫のGameObjectではなく、子のGameObjectを選択した状態で位置を設定します。

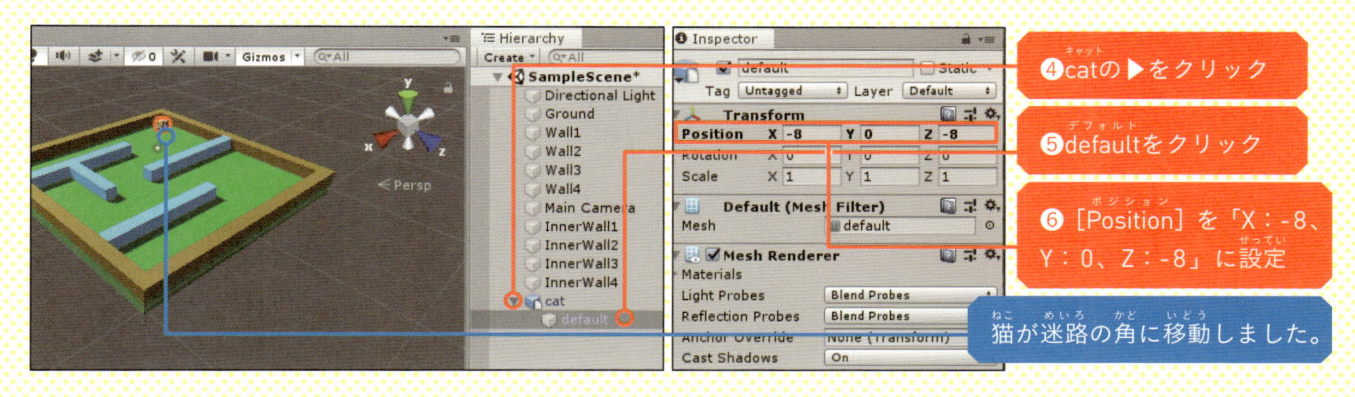

④catの▶をクリック

⑤defaultをクリック

⑥ [Position] を「X：-8、Y：0、Z：-8」に設定

猫が迷路の角に移動しました。

 catが親でdefaultが子じゃ。GameObjectを親子のグループにまとめる機能が使われているんじゃよ

親のcatは
[Position] X：0、Y：0、Z：0

子のdefaultは
[Position] X：-8、Y：0、Z：-8

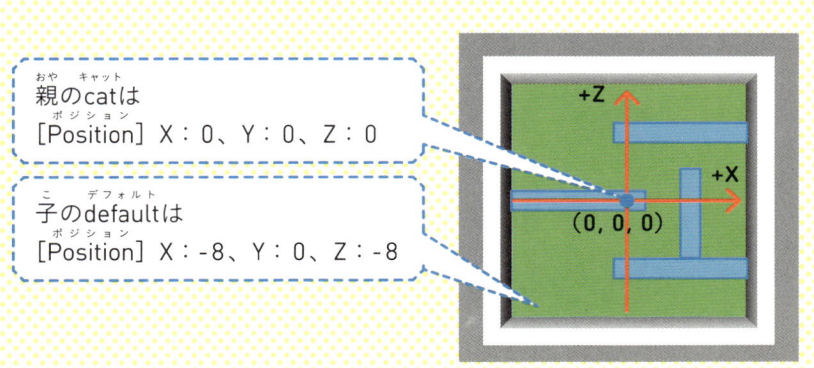

+Z

+X

(0, 0, 0)

子の位置は親が基準になる

親からX方向に+3、Z方向に-1

親

子

171

# キャラクターにコンポーネントを追加する

衆突判定のためのBox Colliderと物理演算のためのRigidbodyコンポーネントを追加します。

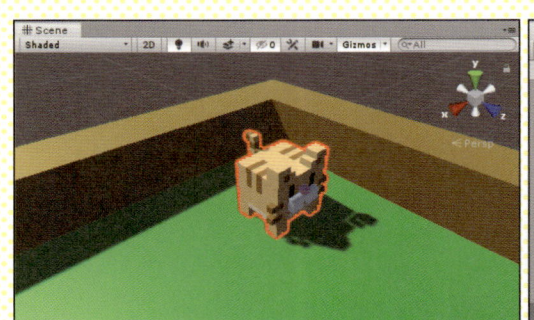
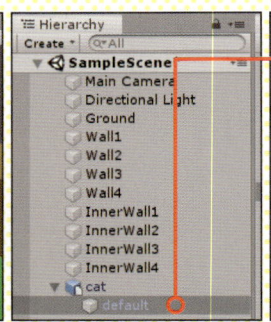
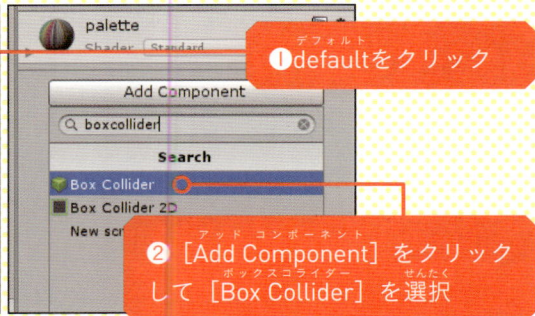

❶defaultをクリック

❷ [Add Component] をクリックして [Box Collider] を選択

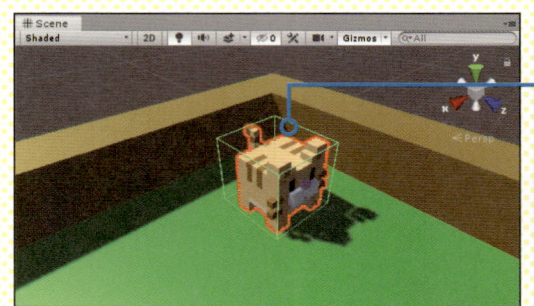
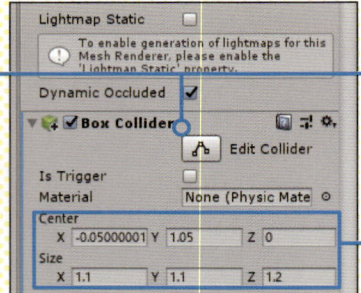

Box Colliderコンポーネントが追加され、キャラクターの周りに四角い緑色の枠が表示されます。

枠がモデルと合っていない場合は、[Center] と [Size] を調整します。

Colliderは衝突判定の領域を決めるコンポーネントじゃ。モデルの形と合っていないと、当たってないように見えるのにゲームオーバーになることもあるぞ

小さすぎる

大きすぎる

ちょうどいい
大きさにしてよ〜

Collider コンポーネント

次にRigidbodyコンポーネントを追加し、移動と回転を制限します。

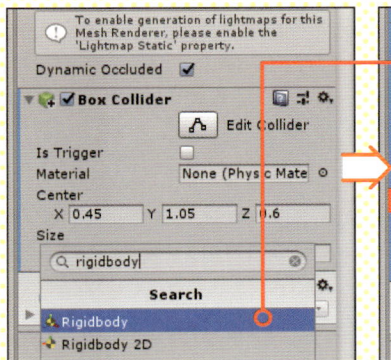

❸ [Add Component] をクリックして [Rigidbody] を選択

❹ [Rigidbody] の [Constraints] をクリック

❺ [Freeze Position] の [Y]、[Freeze Rotation] の [X] [Y] [Z] にチェックマークを付ける

これは前にもやったね。物理演算による垂直方向の移動と回転を制限しているんじゃ

173

# カメラに猫を追いかけさせる

ブロックくずしみたいに上から見た画面だと、迷路ゲームとしては簡単すぎる。猫を後ろから映した画面にしよう

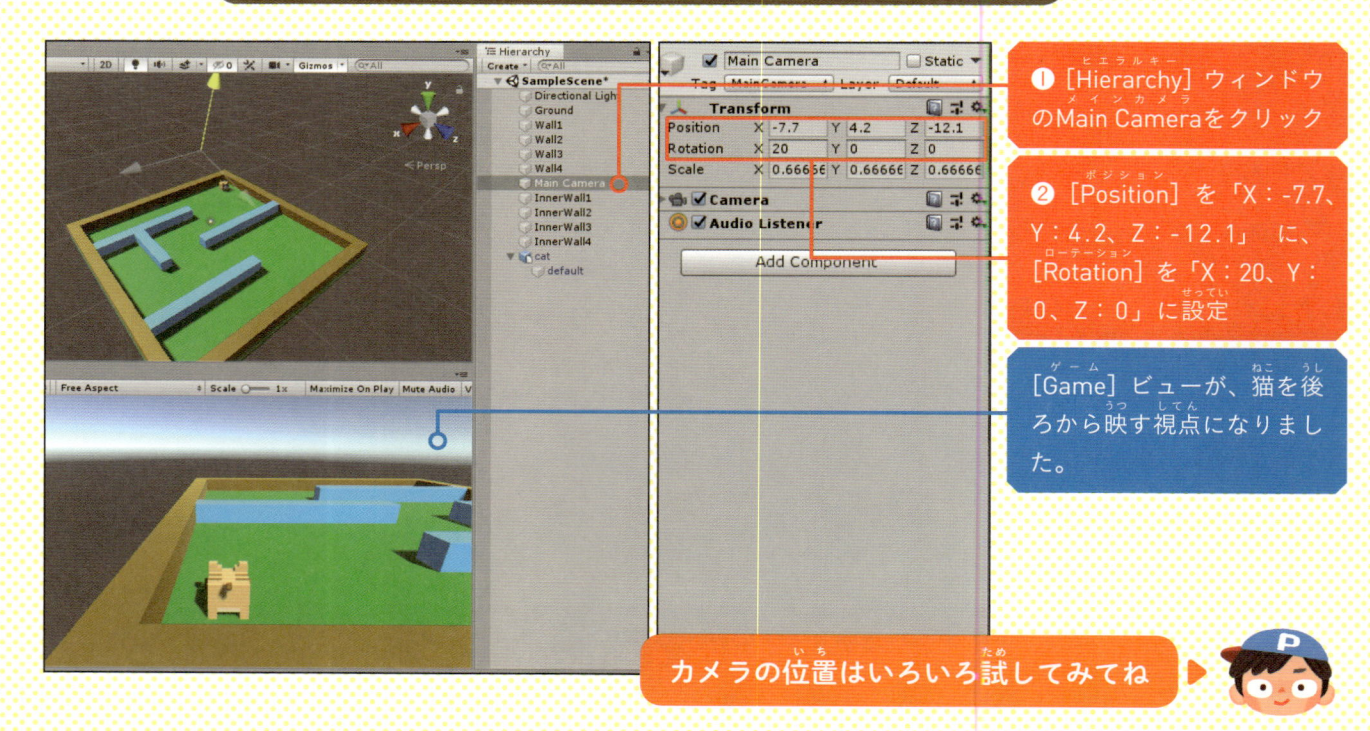

❶ [Hierarchy] ウィンドウのMain Cameraをクリック

❷ [Position] を「X：-7.7、Y：4.2、Z：-12.1」 に、[Rotation] を「X：20、Y：0、Z：0」に設定

[Game] ビューが、猫を後ろから映す視点になりました。

カメラの位置はいろいろ試してみてね

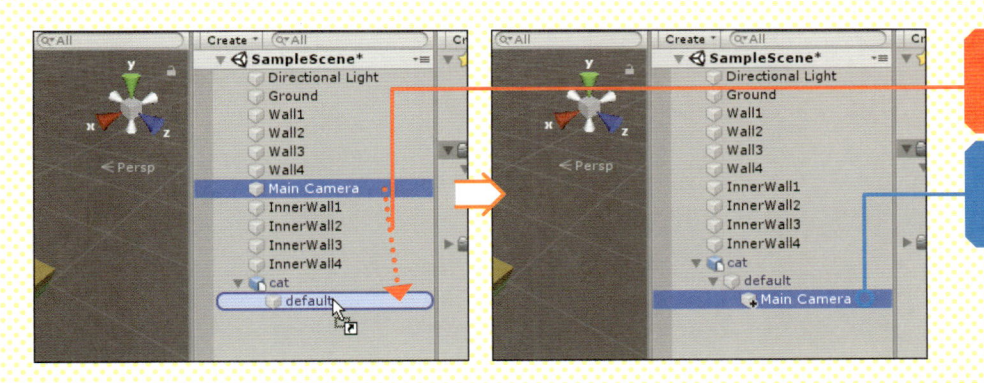

❸Main Cameraをdefaultに
ドラッグ＆ドロップ

Main Cameraがdefaultの子
になりました。

Main Cameraをdefaultの子にするとどうなるの？

カメラが猫のあとを追いかけるようになる。子のGameObject
の位置は親が基準になるからな

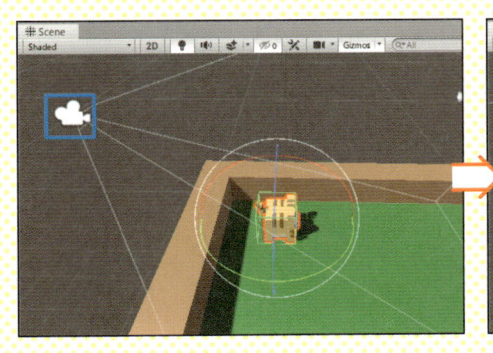

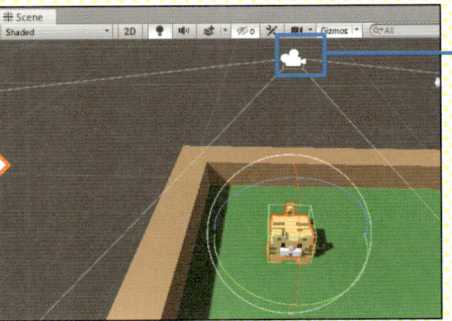

Main Cameraが猫の位置や向
きに合わせて移動するように
なります。

# 04 | スクリプトで猫を動かす

次はキーボードで猫を動かせるようにするぞ。スクリプトの出番じゃ

## スクリプトを作成する

Catの子のdefaultに、「Cat.cs」という名前のスクリプトを追加します。

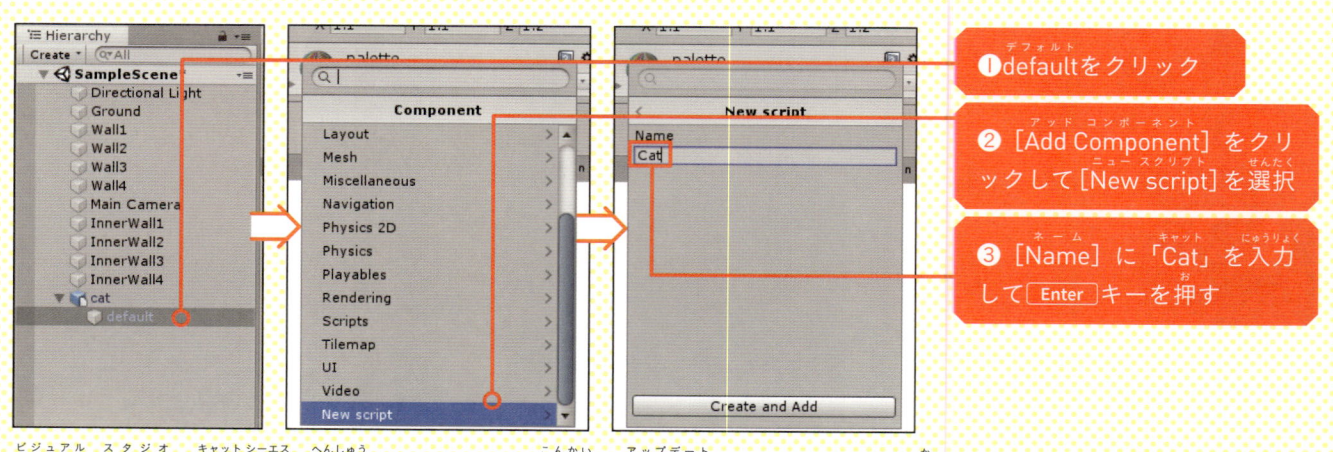

❶ defaultをクリック

❷ [Add Component] をクリックして [New script] を選択

❸ [Name] に「Cat」を入力して Enter キーを押す

Visual StudioでCat.csを編集しましょう。今回はUpdateメソッドのみを書きます。

# スクリプトを編集する

猫を動かすスクリプトを入力していきましょう。長くなるので少しずつ足していきます。

## ■Cat.cs

```
5   public class Cat : MonoBehaviour{

6       void Update(){

7           if (Input.GetKey("up") == true){

8               this.transform.position +=

9                   this.transform.forward * 0.1f;

10          }

11      }

12  }
```

8、9行目は長いので途中で改行していますが、1つの文です。

## 読み下し文

5　MonoBehaviourをうけついだCatという名前のパブリックなクラスを作れ ｛

6　戻り値なし、引数なしでUpdateという名前のメソッドを作れ ｛

7　もしも「Inputオブジェクトから文字『up』キーをゲットした結果がtrueと同じ」が正しいなら
実行せよ ｛

8　このGameObjectのtransformのpositionに、このGameObjectのtransformの前方向掛ける数

9　0.1の結果を、足して入れろ。

10　　　｝

11　　｝

12　｝

> あ、待って……説明聞かなくてもわかりそうな気がする……

> 読み下し文に書いてあることとスクリプトとの結果がほぼ同じ
> じゃからな。とりあえず実行してみよう

> ↑キーを押すと猫が
> 前に進みます。

# if文を使って条件判定する

今回のスクリプトでは、⬆️キーが押されたときだけ前に進む。
こういうときに使うのがif文じゃ

if文は、カッコ内の条件式が正しいときだけ、波カッコ（ブロック）内を実行する文です。

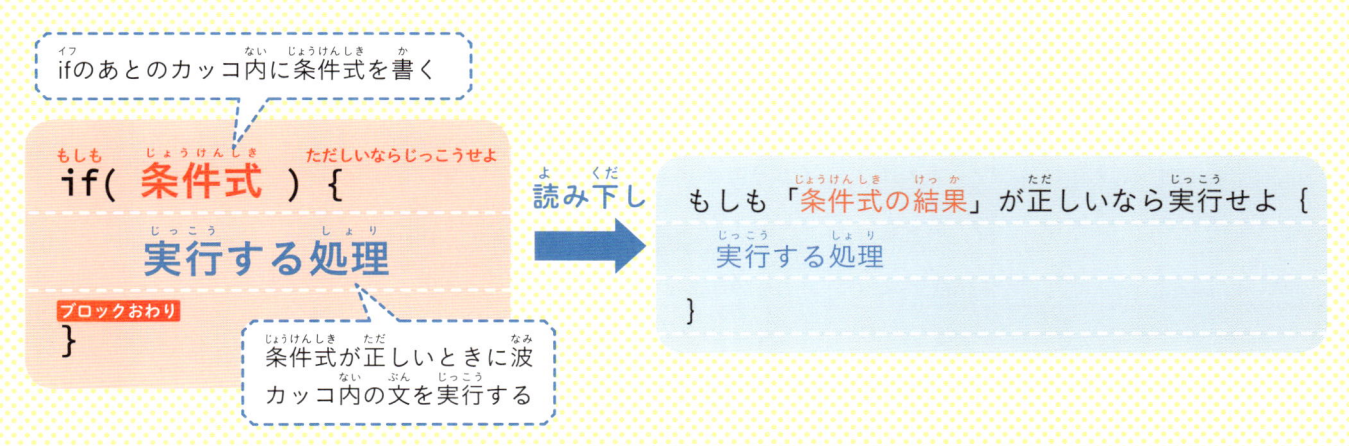

ifのあとのカッコ内に条件式を書く

if( 条件式 ) {

実行する処理

ブロックおわり
}

条件式が正しいときに波カッコ内の文を実行する

読み下し

もしも「条件式の結果」が正しいなら実行せよ {

実行する処理

}

今回は「⬆️キーが押されたとき」が条件なので、「Input.GetKey("up") == true」の部分が条件式です。
GetKeyは引数で指定した名前のキーの状態を調べるInputオブジェクトのメソッドです。キーが押されていた場合、trueを返します。そこでif文の条件式では、GetKeyメソッドの戻り値がtrueかどうかを「==（イコール2つ）」という記号で調べます。

↑キーが押されていたらtrue

インプット　キーをゲット　もじ「アップ」　おなじ　トゥルー
**Input.GetKey("up") == true**

結果

==の左右が両方ともtrueなら正しい

| 記号 | 意味 | 例 | 読み下し |
|---|---|---|---|
| == | 同じ | A == B | AとBが同じ |
| != | 違う | A != B | AとBが違う |
| < | 小さい | A < B | AがBより小さい |
| > | 大きい | A > B | AがBより大きい |
| <= | 以下 | A <= B | AがB以下 |
| >= | 以上 | A >= B | AがB以上 |

条件式で使える記号には他にもいろいろあるぞい。「<=」は前にも使ったな

## 猫を前に進める

条件式が正しければ波カッコ内に進みます。ここでは猫を前に進めています。どうやっているのか見ていきましょう。

「this.transform.position」と「this.transform.forword」の部分は、プロパティをたどって目的のオブジェクトを探しています。探しているのは、GameObjectの「位置」を表すVector 3オブジェクトと、「前方向」を表すVector 3オブジェクトです。

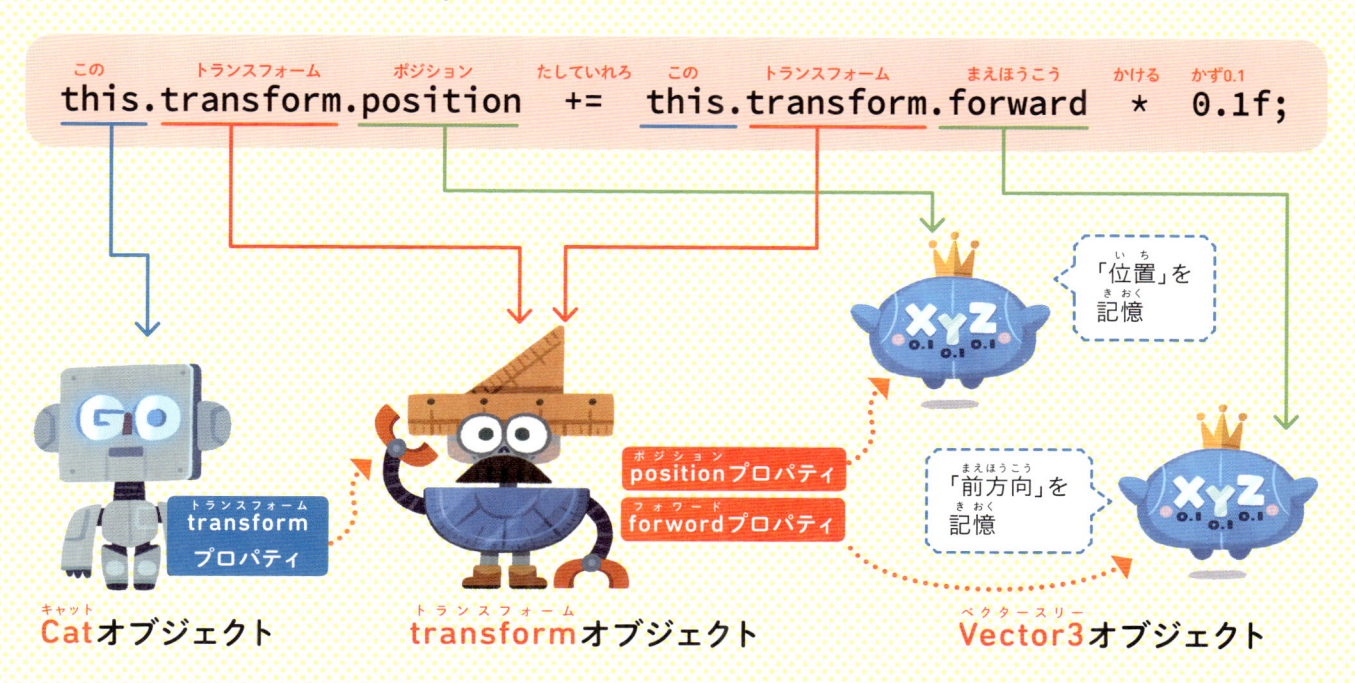

この　トランスフォーム　ポジション　たしていれろ　この　トランスフォーム　まえほうこう　かける　かず0.1

```
this.transform.position  +=  this.transform.forward  *  0.1f;
```

「位置」を記憶

「前方向」を記憶

positionプロパティ
forwordプロパティ

transform
プロパティ

Catオブジェクト　　　transformオブジェクト　　　Vector3オブジェクト

つまり「前方向を表すVector 3オブジェクトに0.1を掛けたものを、GameObjectの位置に足す」という意味なんじゃ

forwordプロパティが表すのは、現在GameObjectが向いている角度に長さ1だけ進むVector3オブジェクトです。たとえばGameObjectが斜め45度を向いている場合、(0.7, 0, 0.7) という値になります。これを位置に足せば、斜め45度の方向に進みます。

## 「前方向」とは？

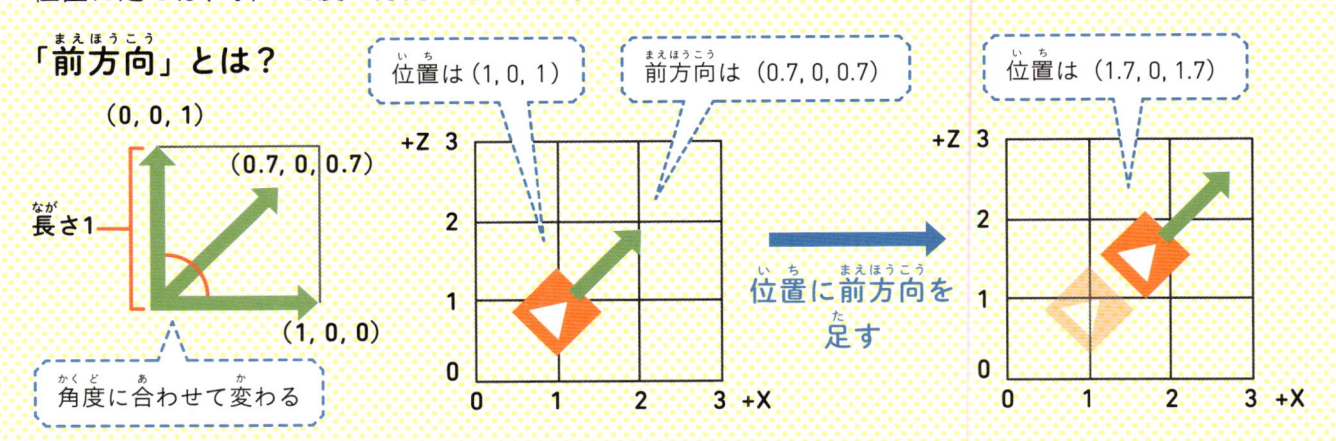

毎回長さが1進むと猫の動きが速くなりすぎるので、0.1を掛けて遅くしとるんじゃ

スクリプトでは「0.1f」になってるよ？　「f」いらないなら取ってあげようか？

Float型の数って意味だから「f」は取っちゃだめじゃ

# 猫をバックさせる

次は猫を後ろにバックさせる部分を追加しましょう。if文のあとに続けてelse if文を追加します。

```
6      void Update(){

7          if (Input.GetKey("up") == true){

8              this.transform.position +=

9                  this.transform.forward * 0.1f;

10         } else if (Input.GetKey("down") == true){

11             this.transform.position +=

12                 this.transform.forward * -0.1f;

13         }

14     }
```

6  戻り値なし、引数なしでUpdateという名前のメソッドを作れ {

7  もしも「Inputオブジェクトから文字『up』キーをゲットした結果がtrueと同じ」が正しいなら

実行せよ {

8  このGameObjectのtransformのpositionに、このGameObjectのtransformの前方向掛ける数

9  0.1の結果を、足して入れろ。

10  } そうではなく、もしも「Inputオブジェクトから文字『down』キーをゲットした結果がtrue

と同じ」が正しいなら実行せよ {

11  このGameObjectのtransformのpositionに、このGameObjectのtransformの前方向掛ける数

12  -0.1の結果を、足して入れろ。

13  }

14  }

さっきのif文とまったく同じに見えるよ？

チェックするのが ↓ キーになって、前方向に掛ける数が-0.1になっとるだろ。マイナスを掛けてから足すからバックになるんじゃ

10行目のelse if文はif文と組み合わせて使われるもので、直前のif文の条件が正しくなかったときに、さらに別の条件で判定したいときに使います。

```
if( 条件式1 ) {

    実行する処理1

} else_if ( 条件式2 ) {

    実行する処理2

ブロックおわり
}
```

読み下し →

もしも「条件式1の結果」が正しいなら実行せよ {

実行する処理1

} そうではなく、もしも「条件式2の結果」が正しいなら実行せよ {

実行する処理2

}

 ちょっと難しいから流れを表す図も用意したぞ

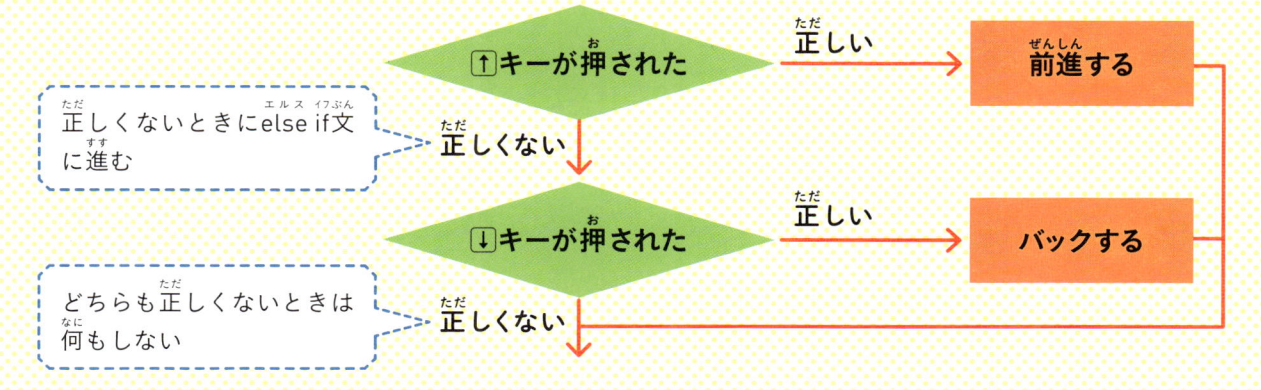

↑キーが押された — 正しい → 前進する

正しくないときにelse if文に進む ← 正しくない

↓キーが押された — 正しい → バックする

どちらも正しくないときは何もしない ← 正しくない

# 猫が左右に向きを変えられるようにする

else if文のブロックのあとに、さらにelse if文を2つ追加します。

■ Cat.cs

```
11          this.transform.position +=
12              this.transform.forward * -0.1f;
13  }else if (Input.GetKey("right") == true){
14          this.transform.Rotate(0, 5, 0);
15  } else if (Input.GetKey("left") == true){
16          this.transform.Rotate(0, -5, 0);
17          }
18  }
```

前と同じところが多いね。キーをゲットするところはわかるよ

11 　　　　　このGameObjectのtransformのpositionに、このGameObjectのtransformの前方向掛ける数

12 　　　　-1.0の結果を、足して入れろ。

13 　　　} そうではなく、もしも「Inputオブジェクトから文字『right』キーをゲットした結果がtrueと
　　　同じ」が正しいなら実行せよ {

14 　　　　　このGameObjectのtransformを、数0と数5と数0で回転しろ。

15 　　　} そうではなく、もしも「Inputオブジェクトから文字『left』キーをゲットした結果がtrueと
　　　同じ」が正しいなら実行せよ {

16 　　　　　このGameObjectのtransformを、数0と数-5と数0で回転しろ。

17 　　　}

18 　}

チャプター 5

RotateはTransformオブジェクトが持つメソッドで、GameObjectを指定した角度で回転します。X、Y、Zの3軸での角度を指定し、ここでは2つ目の引数に5または-5を指定しているので、Y軸に沿って5度ずつ回転します。

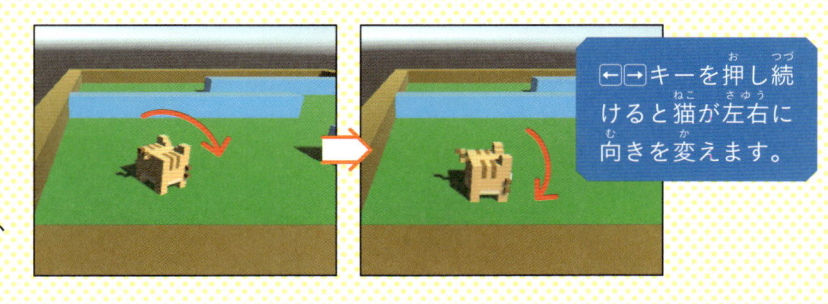

←→キーを押し続けると猫が左右に向きを変えます。

# 動き回る犬を作る

猫が自由に動き回れるようになったから、次は犬を置いてみよう

敵キャラだね

そういうこと。モデルは最初に読み込んだから、猫と同じように配置していこう

敵になる犬のモデルを配置します。

## 犬を配置する

猫と同じように犬のモデルをドラッグ＆ドロップで配置し、親と子のGameObjectの位置を調整していきます。

❶犬のモデルのアイコンを [Hierarchy] ウィンドウにドラッグ＆ドロップ

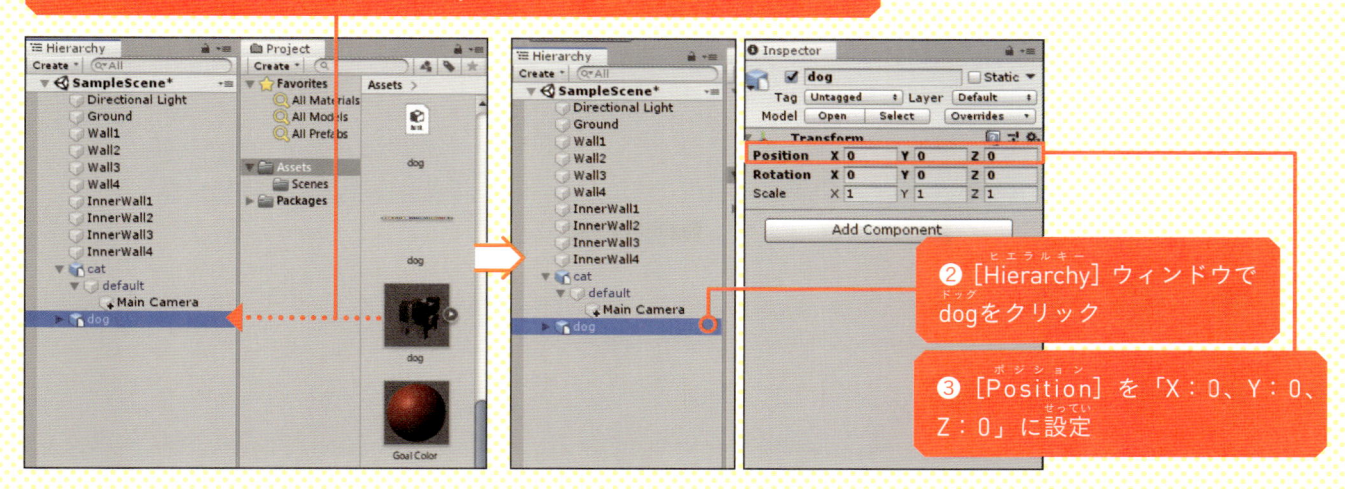

チャプター 5

❷ [Hierarchy] ウィンドウで dogをクリック

❸ [Position] を「X：0、Y：0、Z：0」に設定

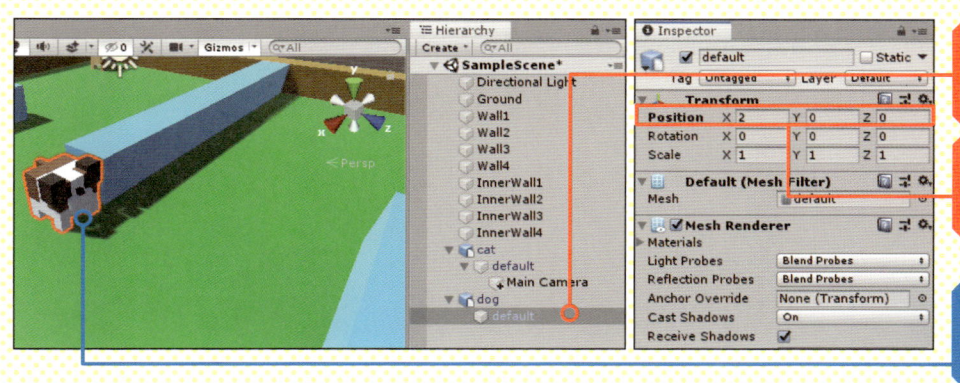

❹dogの子のdefaultをクリック

❺ [Position] を「X：2、Y：0、Z：0」に設定

犬が迷路の中央あたりに出現しました。

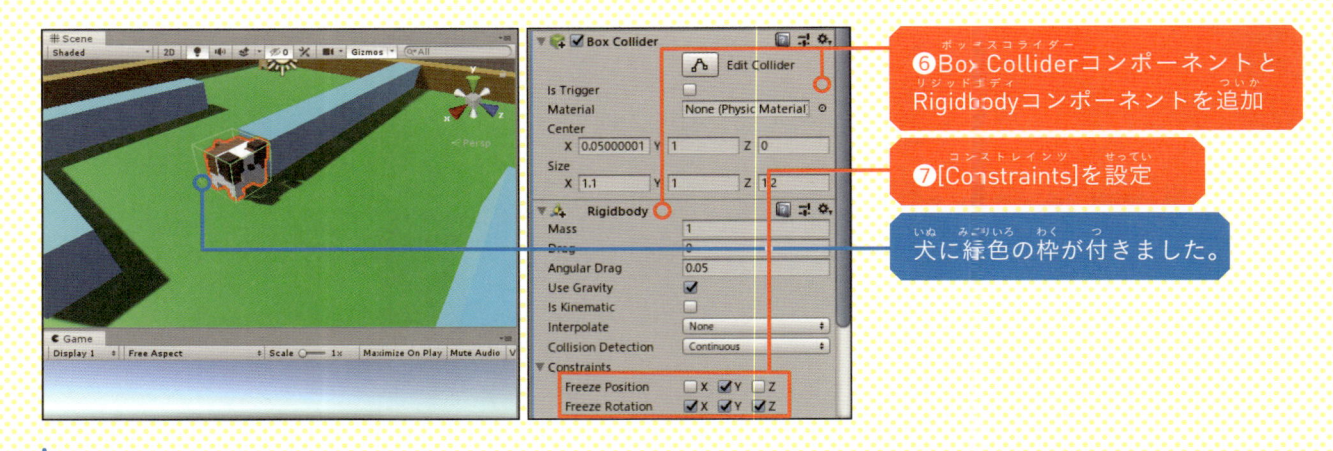

⑥Box Colliderコンポーネントと
Rigidbodyコンポーネントを追加

⑦[Constraints]を設定

犬に緑色の枠が付きました。

## スクリプトを追加する

犬を動かすためのスクリプトを
追加します。

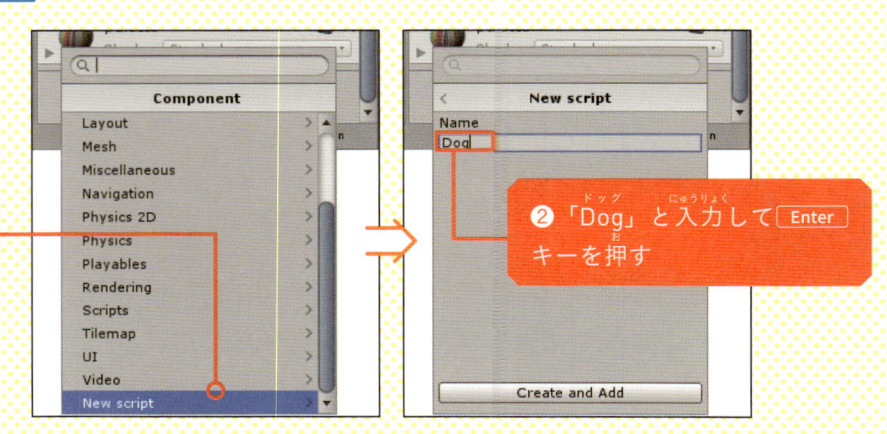

❶[Add Component]をクリッ
クして[New script]を選択

❷「Dog」と入力して Enter
キーを押す

## ■Dog.cs

```
5   public_class_Dog : MonoBehaviour{

6       void_Update(){

7           this.transform.position +=

8               this.transform.forward * 0.01f;

9           }

10  }
```

## 読み下し文

5  MonoBehaviourをうけついだDogという名前のパブリックなクラスを作れ {

6      戻り値なし、引数なしでUpdateという名前のメソッドを作れ {

7          このGameObjectのtransformのpositionに、このGameObjectのtransformの前方向掛ける数

8          0.01の結果を、足して入れろ。

9      }

10  }

Updateメソッドの中に、前に進む処理を書いたので、犬が自動的に前に進むようになります。前方向に掛ける数を0.01にして、速度を猫よりも遅くします。

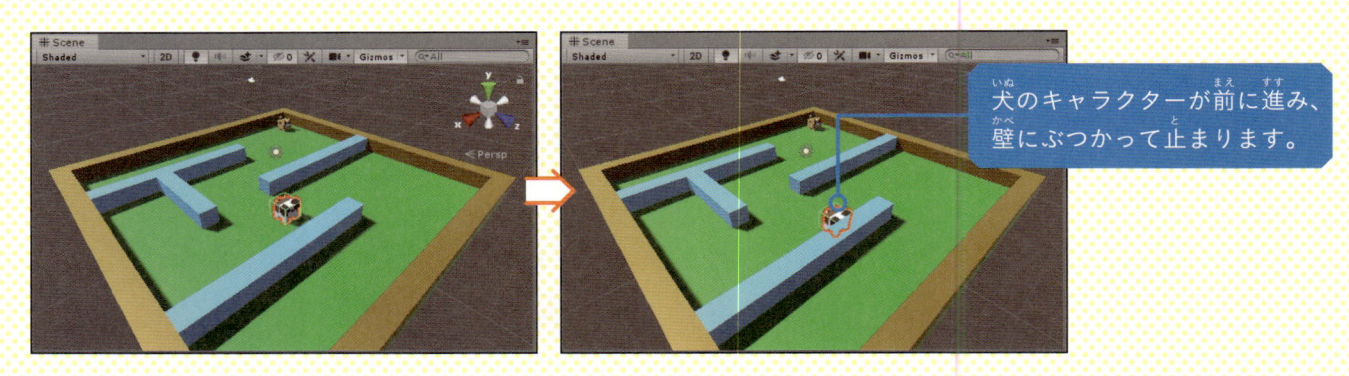

犬のキャラクターが前に進み、壁にぶつかって止まります。

## 壁に当たったら自動的に向きを変えるようにする

すぐ動かなくなっちゃ物足りないね。壁に当たったら向きを変えるようにしたいな

OnCollisionEnterメソッドを使えば壁に当たったときに向きを変えられるぞ。ただし、今回は壁以外のGameObjectもあるから、壁だけを区別するしくみが必要じゃ

# 迷路の壁にタグを追加する

GameObjectを区別するためにタグを設定します。「Wall」というタグを作成し、すべての壁に割り当てます。

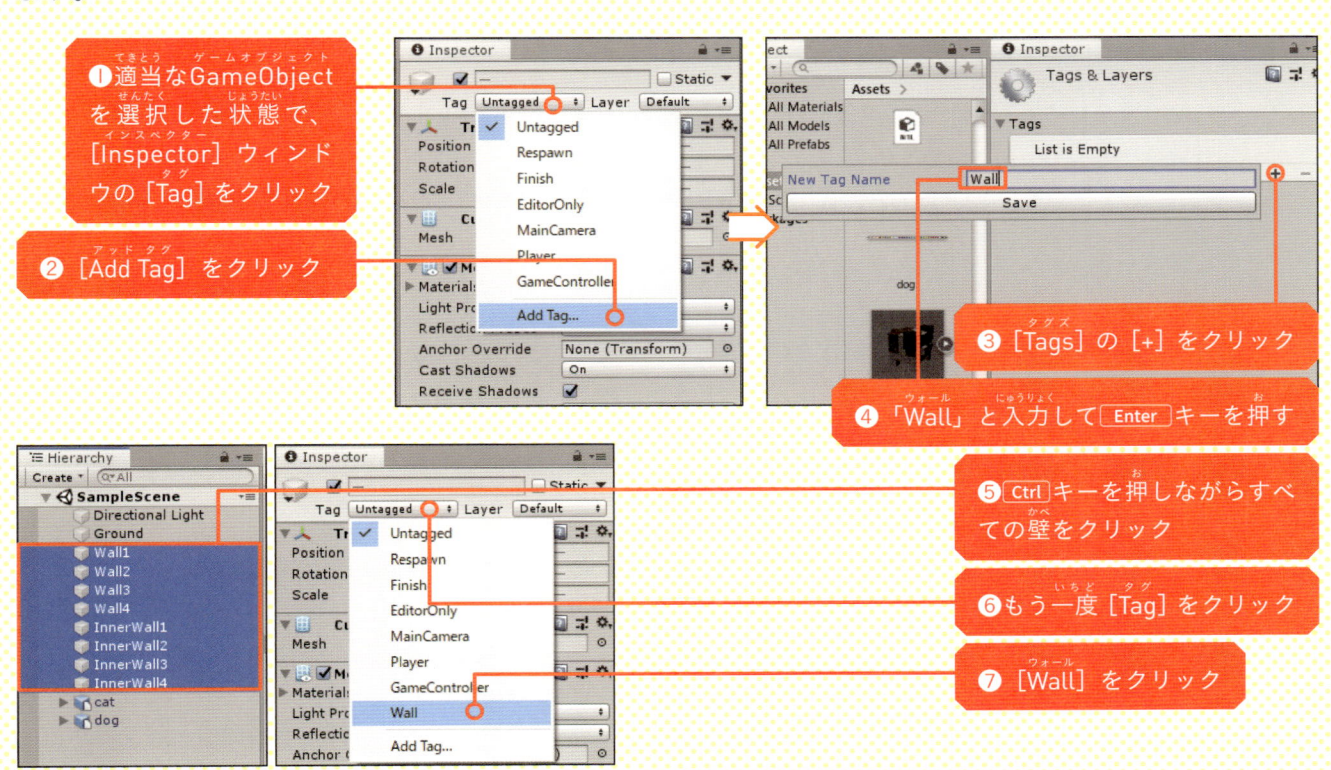

❶適当なGameObjectを選択した状態で、[Inspector] ウィンドウの [Tag] をクリック

❷ [Add Tag] をクリック

❸ [Tags] の [+] をクリック

❹「Wall」と入力して Enter キーを押す

❺ Ctrl キーを押しながらすべての壁をクリック

❻もう一度 [Tag] をクリック

❼ [Wall] をクリック

# OnCollisionEnterメソッドを追加する

Dog.csのDogクラスのブロック内にOnCollisionEnterメソッドを追加しましょう。

## ■Dog.cs

```
10    void OnCollisionEnter(Collision collision){
11        if (collision.gameObject.tag == "Wall"){
12            if (Random.Range(1, 10) < 6){
13                this.transform.Rotate(0, 90, 0);
14            }else{
15                this.transform.Rotate(0, -90, 0);
16            }
17        }
18    }
```

追加する場所をまちがえない
よう注意するんじゃ

## 読み下し文

チャプター 5

10 戻り値なし、Collision型の歯collisionを受けとるOnCollisionEnterという名前のメソッドを作れ {

11 　もしも「歯collisionのGameObjectのタグが文字『Wall』と同じ」が正しいなら実行せよ {

12 　　もしも「数1〜数10の範囲内の乱数が数6より小さい」が正しいなら実行せよ {

13 　　　このGameObjectのTransformを、数0と数90と数0で回転しろ。

14 　　} そうでなければ実行せよ {

15 　　　このGameObjectのTransformを、数0と数-90と数0で回転しろ。

16 　　}

17 　}

18 }

犬のキャラクターが壁にぶつかると右か左に向きを変えます。

OnCollisionEnterメソッドが呼び出されても、衝突した相手が壁とは限りません。そこでまずif文で衝突相手のタグが「Wall」かどうかをチェックします。衝突相手の情報は引数collisionに入っているので、そこから「collision.gameObject.tag」とプロパティをたどってゲットします。

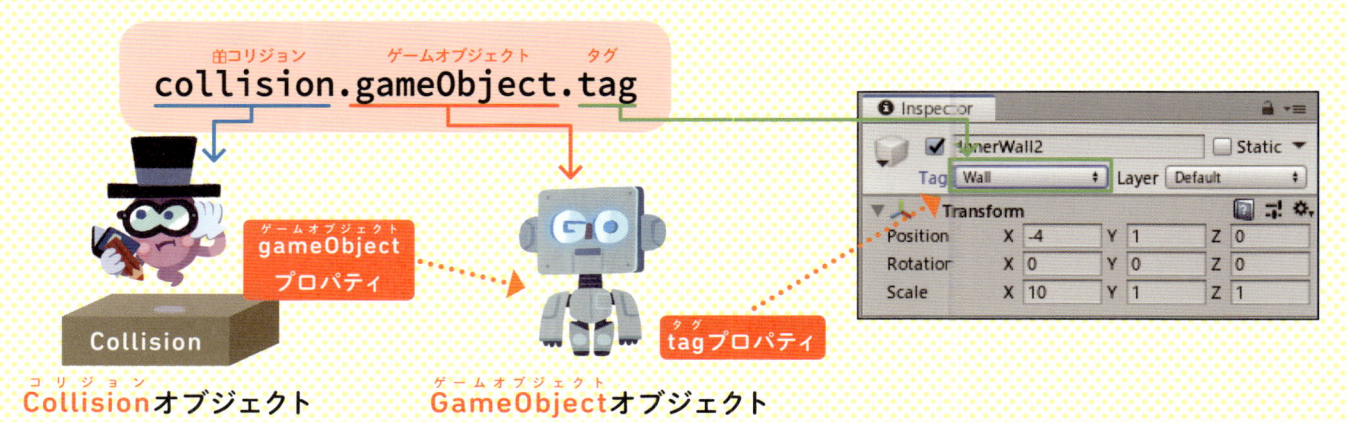

**Collisionオブジェクト**　　**GameObjectオブジェクト**

このif文の中に別のif文が入っている。その条件式の中でRandomオブジェクトを使って乱数を求めているんじゃ

ランダムで乱数？　らんらんらんらん！

Randomも乱数も「デタラメな数」を意味しとる。右と左のどちらに回転するかをデタラメに決めるために使うんじゃ

RandomオブジェクトのRangeメソッドは、引数に指定した範囲内からデタラメな数を1つ取り出して返します。それが6より小さい場合は右へ、6以上の場合は左へ向きを変えます。

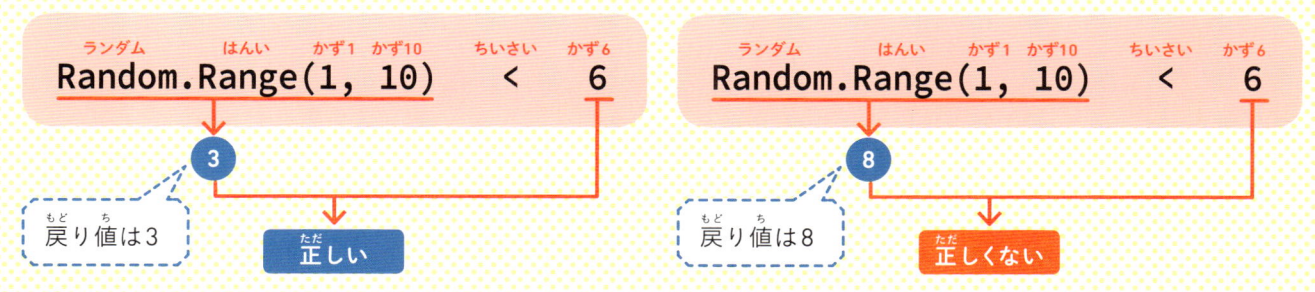

1つの条件式で「右へ回るか」「左へ回るか」を切り替えるためにelse文を使います。

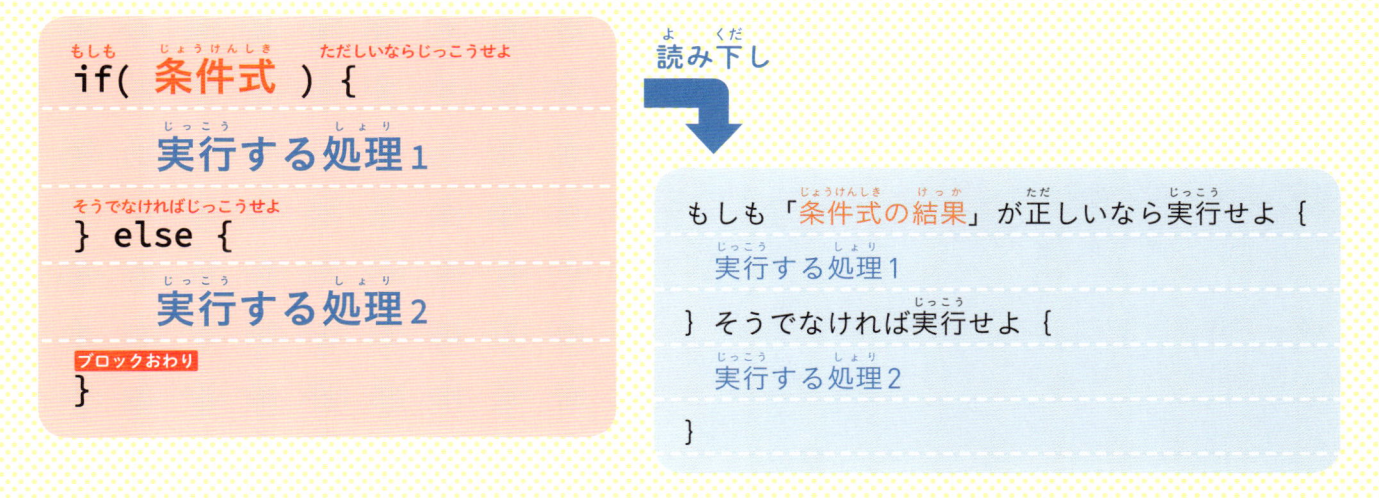

# 06 犬につかまったらどうする？

 このゲームの大事なところはだいたいできあがったんじゃが、最後に仕上げをしよう。犬につかまったときの処理じゃ

ゲームオーバーになるってことだよね

 そうじゃ。これまでやってきたことの組み合わせでできるぞ

## 犬にタグを付ける

衝突したときに犬を区別するためにタグを付けましょう。193ページで説明した手順で「Dog」という名前のタグを作成します。それを犬のGameObjectに設定します。

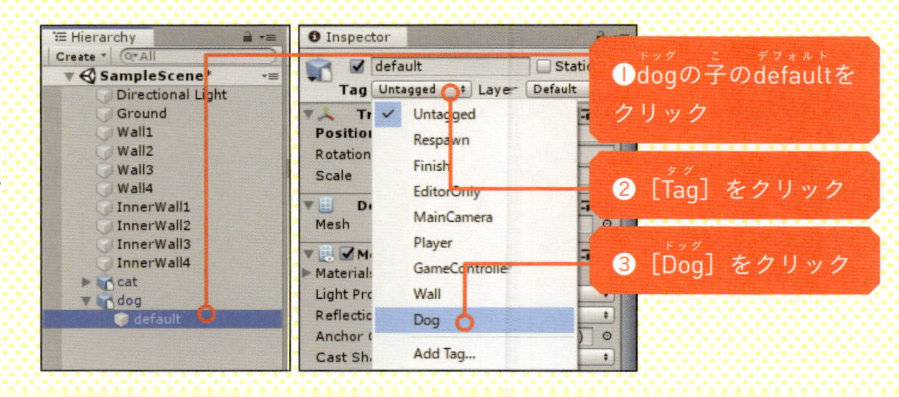

❶dogの子のdefaultをクリック

❷ [Tag] をクリック

❸ [Dog] をクリック

犬のほうにタグを付けたので、猫のCat.csにOnCollisionEnterメソッドを追加しましょう。

## ■Cat.cs

```
19    void OnCollisionEnter(Collision collision){
20        if (collision.gameObject.tag == "Dog"){
21            this.GetComponent<MeshRenderer>().enabled = false;
22        }
23    }
```

## 読み下し文

19 戻り値なし、Collision型の🔲collisionをうけとるOnCollisionEnterという名前のメソッドを作れ {

20 もしも「🔲collisionのGameObjectのタグが文字『Dog』と同じ」が正しいなら実行せよ {

21 このGameObjectのMeshRenderer型のコンポーネントをゲットし、有効化に「正しくない」を入れろ。

22 }

23 }

今回新しく出てきたのは、MeshRendererコンポーネントをゲットして、enabledプロパティにfalseを入れているところじゃ。モデルを表示するコンポーネントが無効になって猫が非表示になる

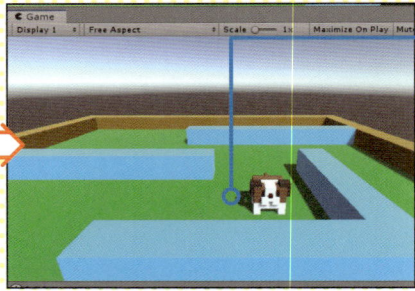

犬とぶつかると猫が消えます。

Destroyメソッドで削除するんじゃないんだ

猫はMain Cameraの親なので、削除してしまうとカメラが使えなくなってエラーになるんじゃよ

消えておしまいだとちょっとさみしいね

そうじゃな。いろいろと改造してみるといいぞ

チャプター（ 6 ）

# FPSゲームを作ろう

# 01 | チャプター6で作るゲーム

 今度は「FPSゲーム」を作ろう。「FPS」は「FirstPerson Shooter」の略。主人公視点で、武器を使って敵を倒していくようなゲームのことじゃよ

わかった、ゾンビがどんどん出てくるやつでしょ

 まあそういうのもあるな。ちなみにFirstPersonとは「一人称」という意味で、話し手自身を指す「わたし」とか「ぼく」とかのことなんじゃよ

主人公視点の画面で、弾をうって標的を倒します。

オレ超好きなオンラインゲームで「閃光の初心者」って称号持ってるぞ。でもあんなのどうやって作るの？　なんだかこれまで以上にむずかしそうだな

そう思うじゃろ？　ところがFPS Controllerというとっても便利なアセットを使えば基本的なところは簡単に作れるんじゃ

---

 おやつタイム

## Asset Storeと標準アセット

UnityではAsset Storeと呼ばれるサイトから、さまざまなアセットをダウンロードすることができます。アセットとはゲーム作りに使えるモデルやスクリプト、効果音などの素材のことです。Asset Storeのアセットには有料のものと無料のものがあります。今回使うFPS Controllerは無料のStandard Assets（標準アセット集）に含まれています。

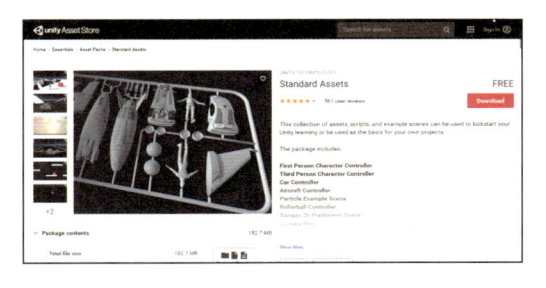

# 02 | フィールドを読み込む

## FPSゲーム用のプロジェクトを作る

これまでと同じように、このゲーム用のプロジェクトを作りましょう。プロジェクト名は「FuriFPS」とします。

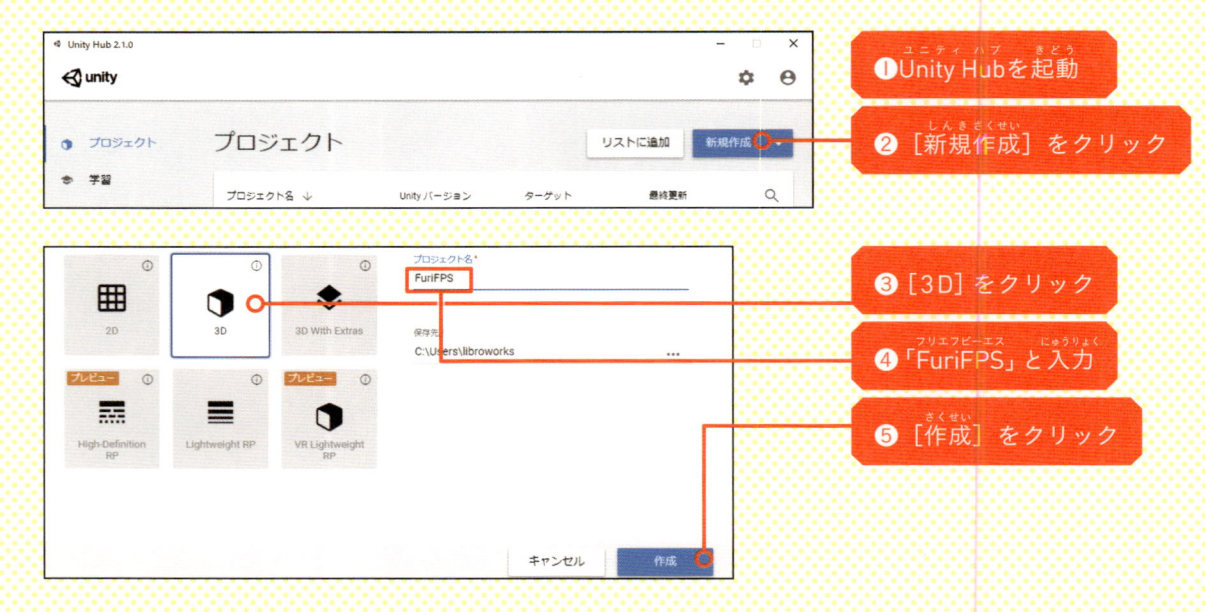

❶Unity Hubを起動

❷［新規作成］をクリック

❸［3D］をクリック

❹「FuriFPS」と入力

❺［作成］をクリック

# モデルを読み込む

まずはゲームの舞台となるフィールドを作る。今回はフィールドのモデルが用意してあるので読み込んで使うぞ

フィールド（野原）のモデルはサンプルファイルとして用意してあるので（255ページ参照）、プロジェクトに読み込みます。
モデルを [Project] ウィンドウにドラッグ&ドロップします。

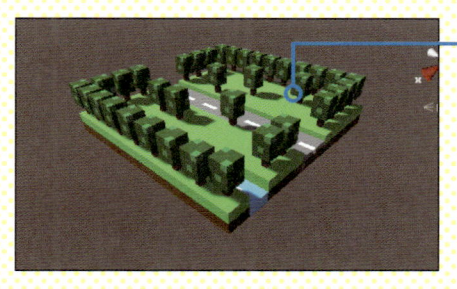

フィールドのモデルを読み込みます。

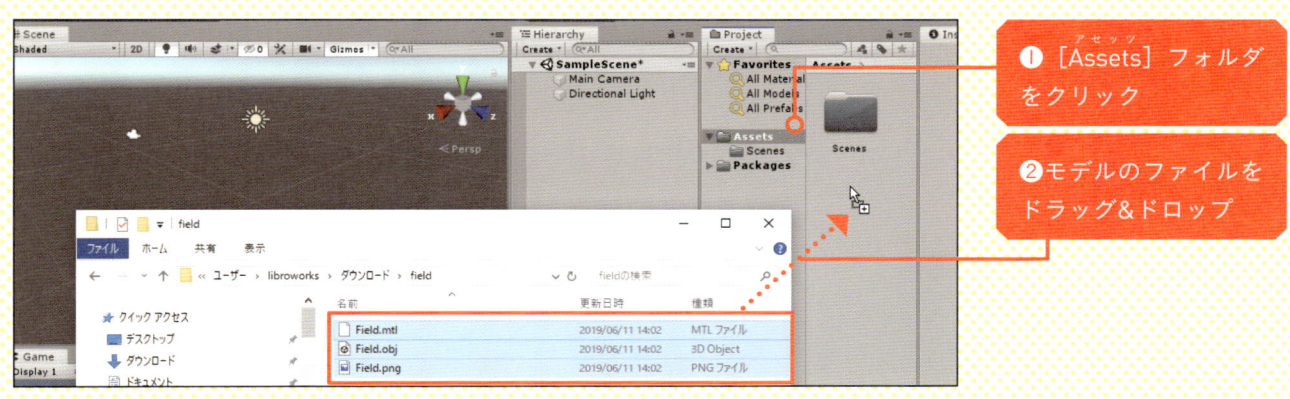

❶ [Assets] フォルダをクリック

❷ モデルのファイルをドラッグ&ドロップ

# フィールドをゲームに配置する

フィールドのモデルのアイコンを [Hierarchy] ウィンドウにドラッグ＆ドロップして、3D空間に配置します。

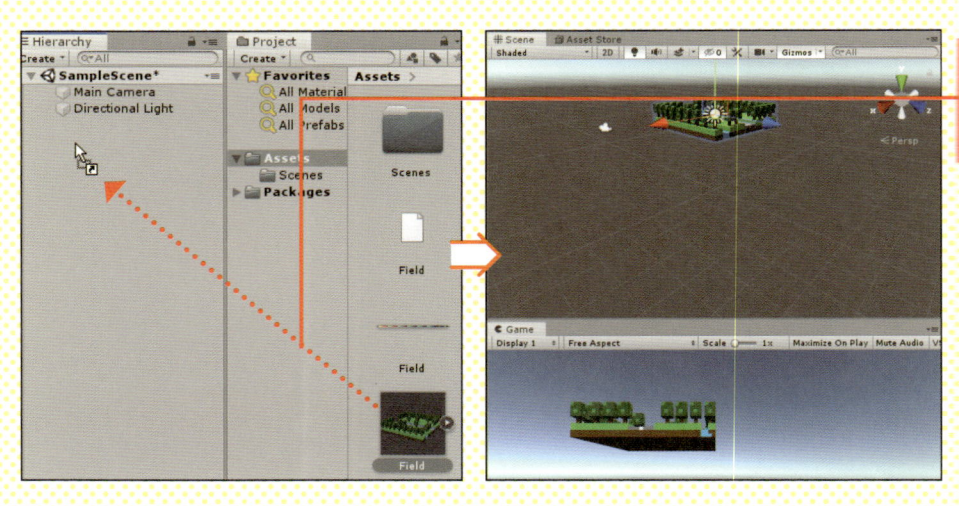

❶フィールドのモデルのアイコンを [Hierarchy] ウィンドウにドラッグ＆ドロップ

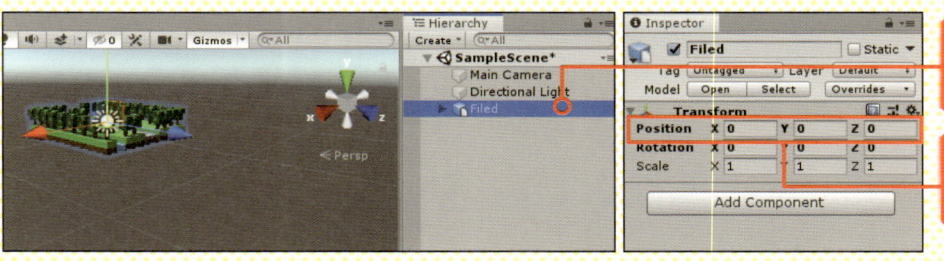

❷ [Hierarchy] ウィンドウでFieldをクリック

❸ [Position] を「X：0、Y：0、Z：0」に設定

子のGameObjectを選択し、サイズを設定します。

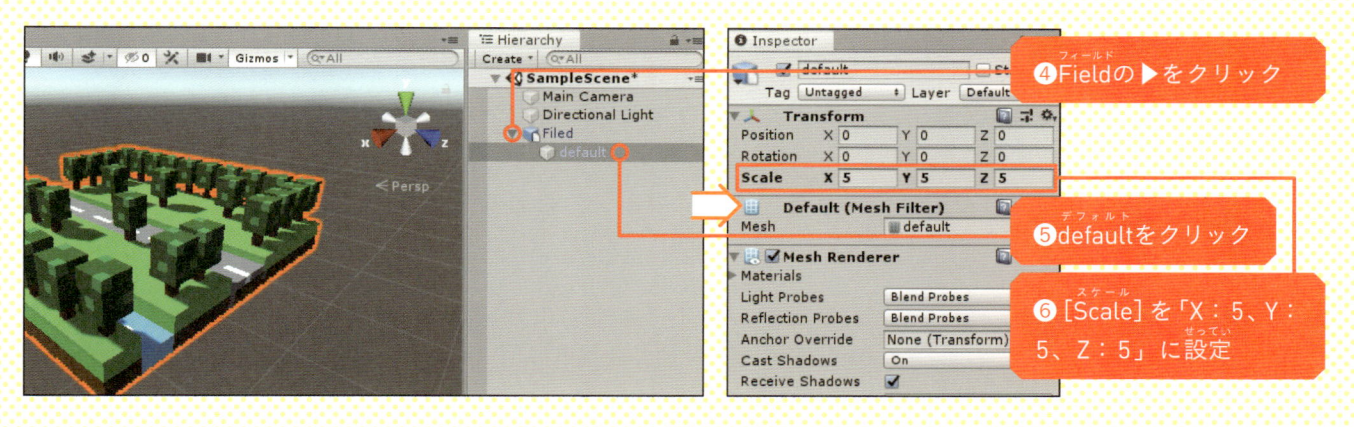

④Fieldの▶をクリック

⑤defaultをクリック

⑥ [Scale] を「X：5、Y：5、Z：5」に設定

## フィールドにMesh Colliderを設定する

モデルを読み込んだだけだとその上にキャラクターを乗せられないので、コライダーを追加して衝突判定を付けるぞ

Box Colliderとかだね

よく覚えとったね。ところが今回はBox Colliderではまずいんじゃ。代わりにMesh Colliderというものを使う

チャプター 6

207

フィールドには木や段差があって複雑な形をしています。そのため箱形のBox Colliderでは正確な衝突判定ができません。

そこで、モデルの形に合わせた衝突範囲を設定するMesh Colliderを使います。メッシュとは、3Dの世界で物の形を表す多角形の集まりのことです。ポリゴンという呼び方なら聞いたことがある人もいるかもしれませんね。

フィールドにMesh Colliderを設定することで、フィールドの複雑な形にぴったり合った衝突判定の領域を設定できます。

> 正確な衝突判定ができるんだったら、いつもMesh Colliderを使えばいいんじゃない？

> それもまずい。Mesh Colliderは精密な代わり、判定処理に時間がかかるんじゃ。どうしても必要なところにだけ使おう

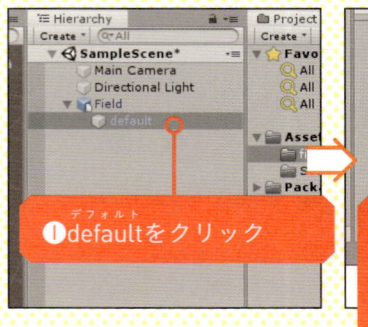

❶defaultをクリック

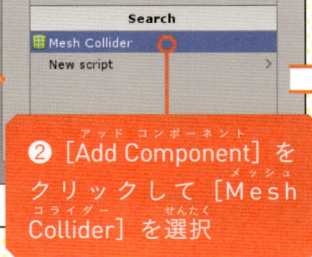

❷ [Add Component] をクリックして [Mesh Collider] を選択

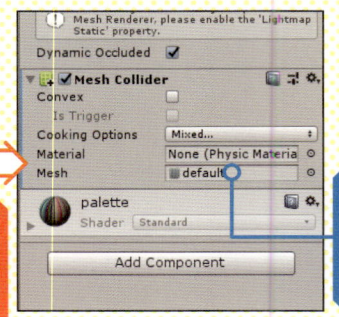

defaultにMesh Colliderコンポーネントが追加されました。

## 03 | FPS Controllerを用意する

FPS Controllerってどこにあるの？ また「Add Component」するの？

Asset Storeからインストールするんじゃ。Asset Storeにはアセットと呼ばれる、ゲームの素材がたくさん揃っておる

ストアってお店ね！ でも今年のお年玉もう使いきっちゃったよ

心配ない。FPS ControllerはStandard Assetsというセットに入ってるんだが、これは無料なんじゃ

## Standard Assetsをダウンロードする

UnityエディタからAsset Storeの画面を開きます。Asset StoreでアセットをダウンロードするにはUnity ID（246ページ参照）が必要です。

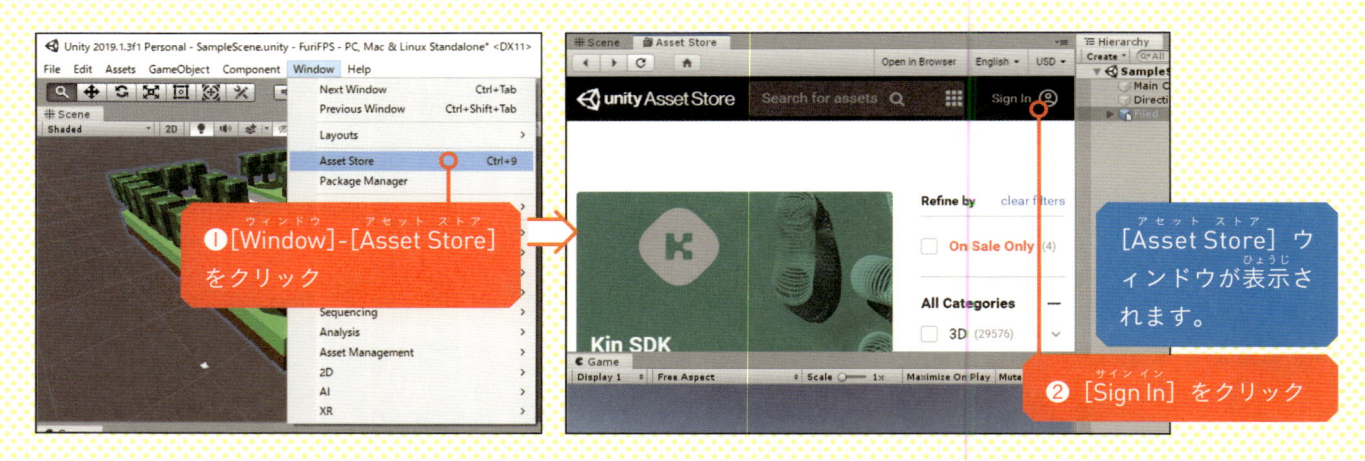

Asset Storeを利用するために、まずサインインという手続きを行います。Unity IDのメールアドレスとパスワードを入力してください。

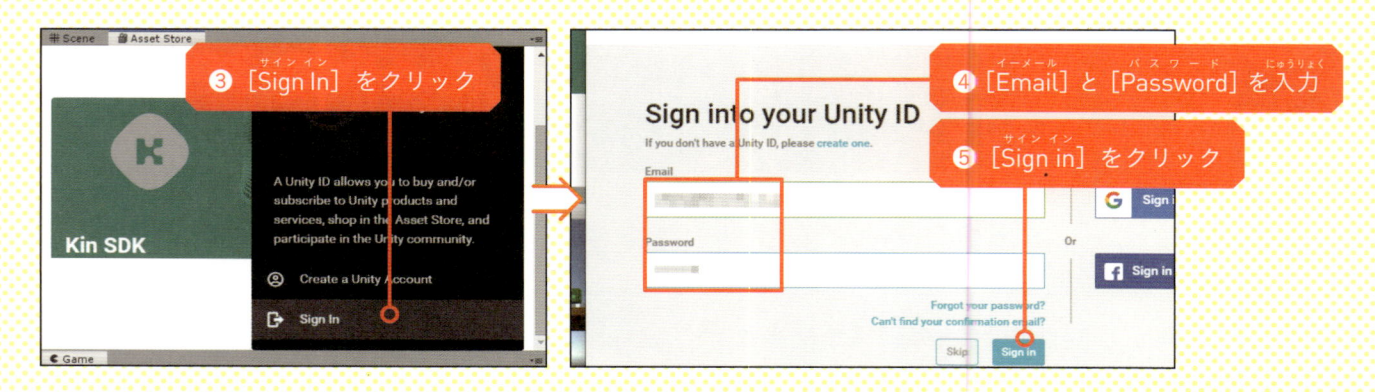

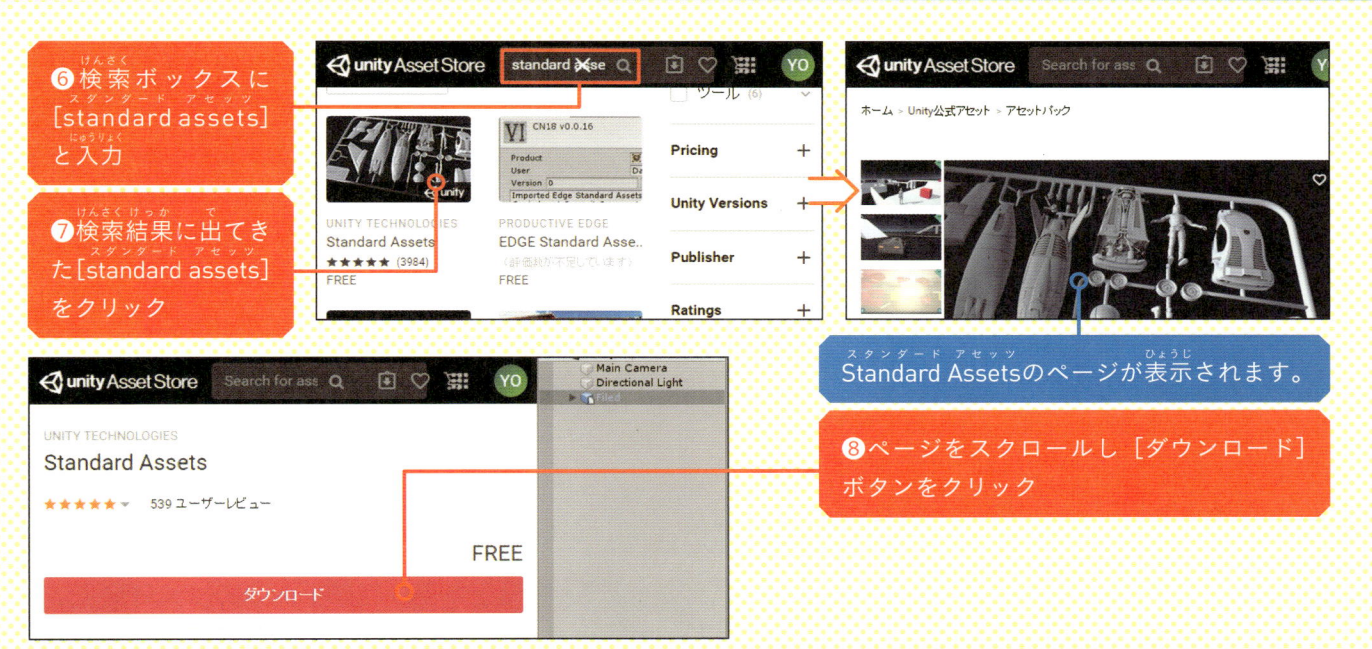

⑥検索ボックスに [standard assets] と入力

⑦検索結果に出てきた [standard assets] をクリック

Standard Assetsのページが表示されます。

⑧ページをスクロールし [ダウンロード] ボタンをクリック

# ダウンロードしたStandard Assetsをインポートする

ダウンロードしたStandard Assetsを今回のプロジェクトにインポートします。

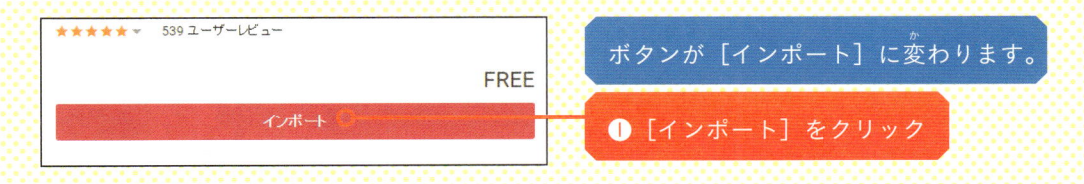

ボタンが [インポート] に変わります。

❶ [インポート] をクリック

少し待つと [Import Unity Package]
ダイアログボックスが開きます。

[Assets] に [Standard Assets]
フォルダが表示されています。

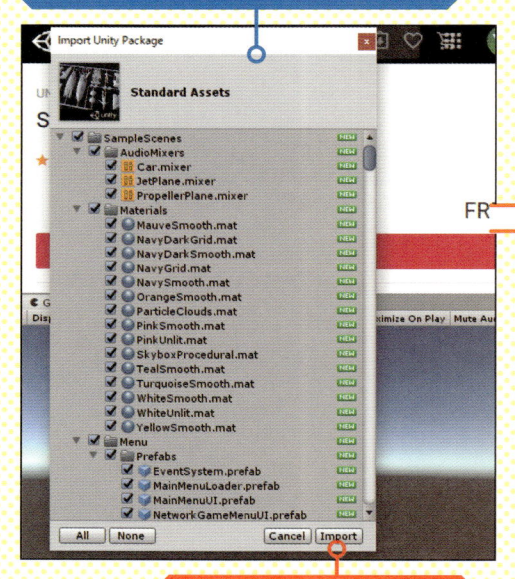

❷ [Import] をクリック

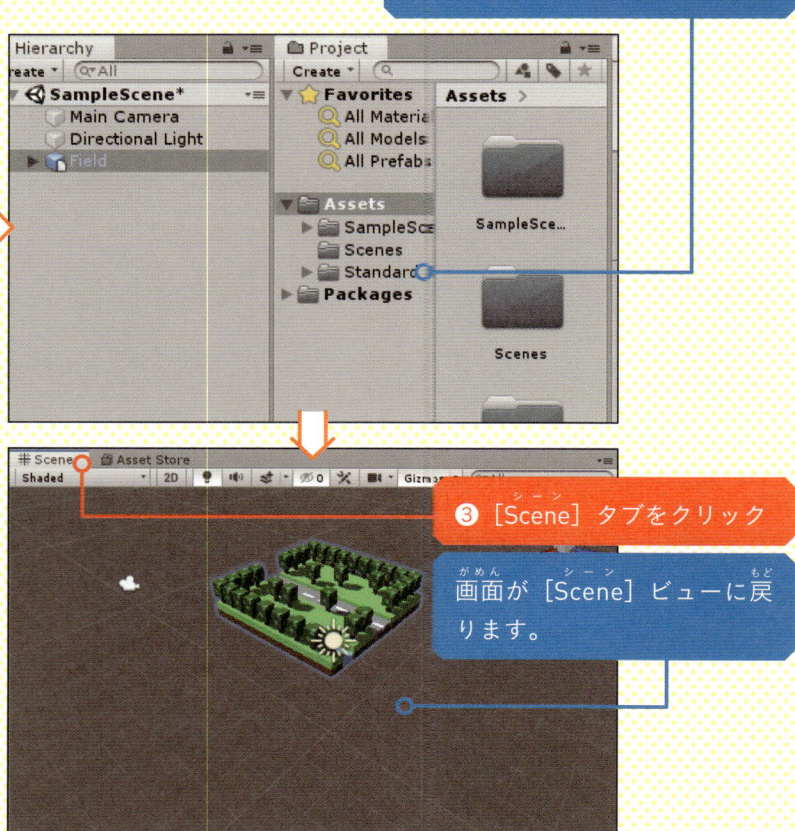

❸ [Scene] タブをクリック

画面が [Scene] ビューに戻ります。

# FPS Controllerをゲームの中に置く

今回はStandard Assetsの中のRigidBodyFPSControllerというものを使います。
このRigidBodyFPSControllerがゲームのプレイヤー、つまり主人公になります。

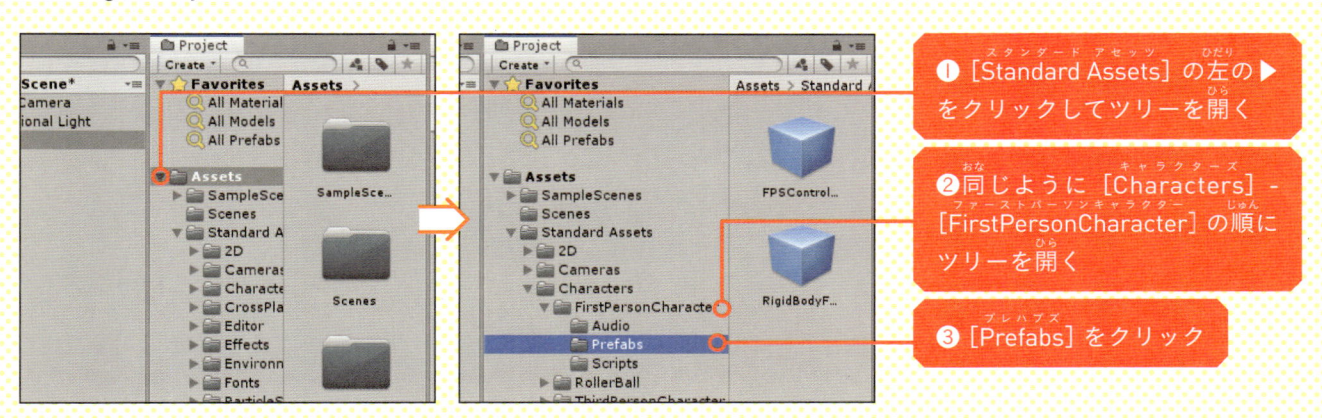

❶ [Standard Assets] の左の▶
をクリックしてツリーを開く

❷ 同じように [Characters] -
[FirstPersonCharacter] の順に
ツリーを開く

❸ [Prefabs] をクリック

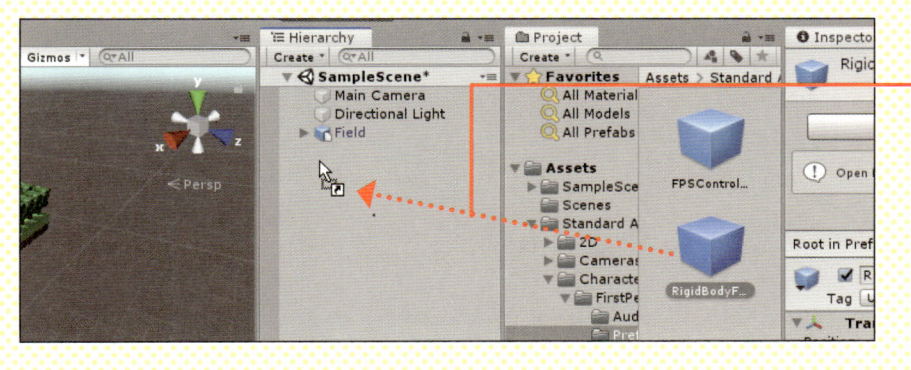

❹ [RigidBodyFPSController]
を [Hierarchy] ウィンドウにド
ラッグ＆ドロップ

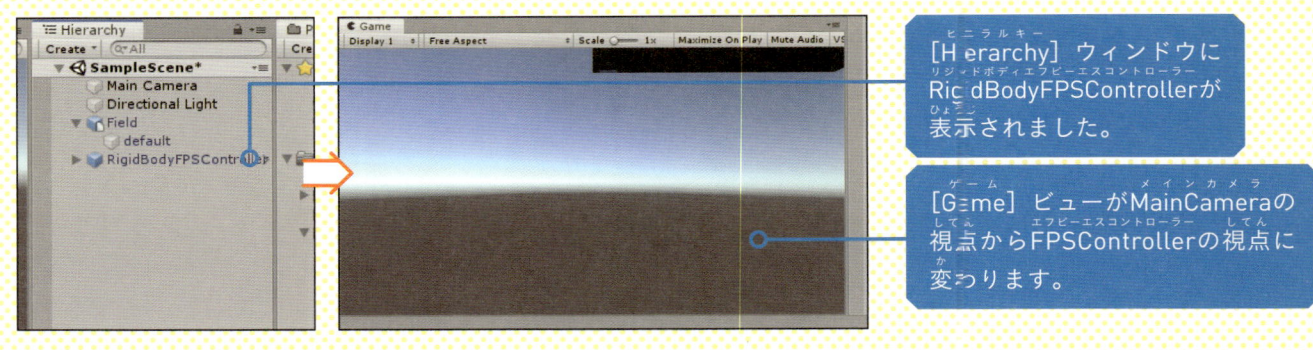

[Hierarchy] ウィンドウに
RigidBodyFPSControllerが
表示されました。

[Game] ビューがMainCameraの
視点からFPSControllerの視点に
変わります。

これが主人公キャラになるんじゃよ

RigidBodyFPSControllerの名前を「Player」に変更してください。フィールドにうまく乗るように位置を調節します。

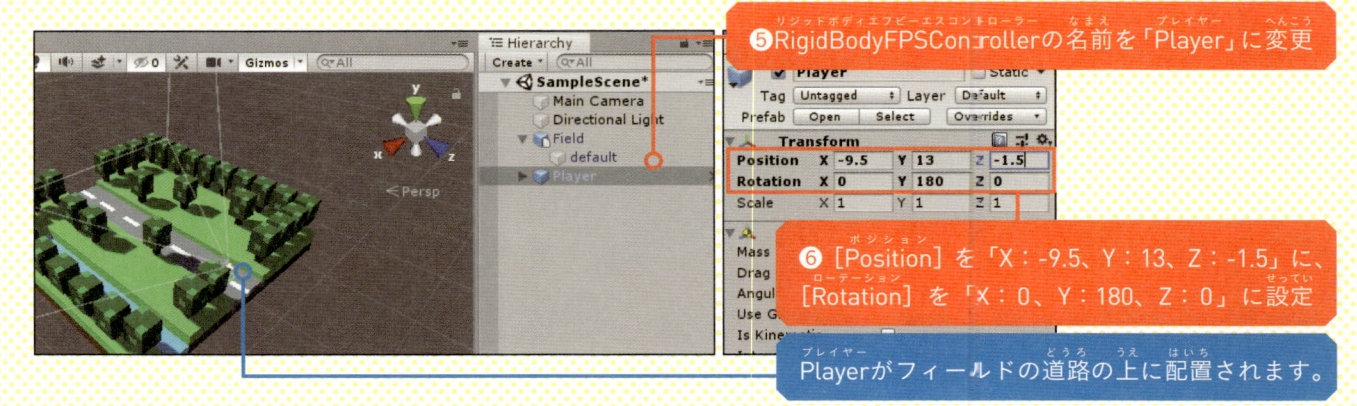

❺RigidBodyFPSControllerの名前を「Player」に変更

❻ [Position] を「X：-9.5、Y：13、Z：-1.5」に、
[Rotation] を「X：0、Y：180、Z：0」に設定

Playerがフィールドの道路の上に配置されます。

RigidBodyFPSControllerの子にMain Cameraがあるので、最初からあるMain Cameraを削除します。

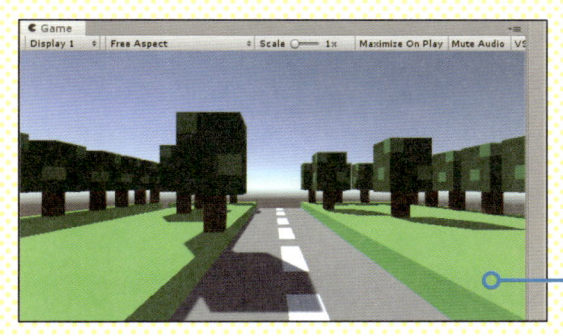
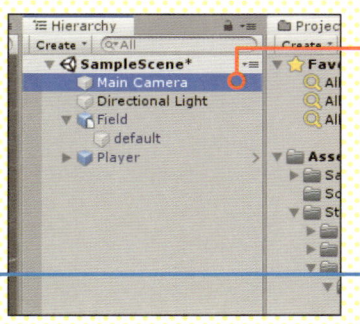

❶元からあったMain Camera
をクリック

❷ Delete キーを押す

プレイヤーがフィールドに立っているような視点になっています。

ゲームを実行し、マウスを動かしてフィールドの中を見回してみましょう。また、カーソルキーでプレイヤーを移動することができます。

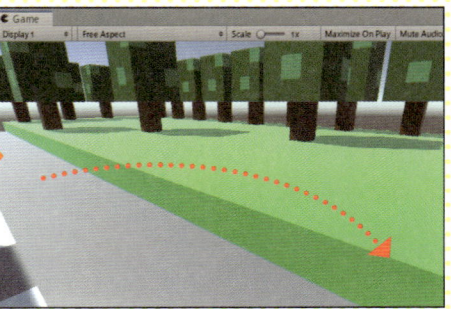

マウスを動かすと視点が動きます。

 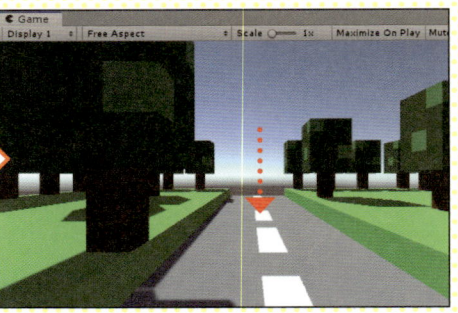

⬆キーで前に、⬇キーで後ろに進みます。

 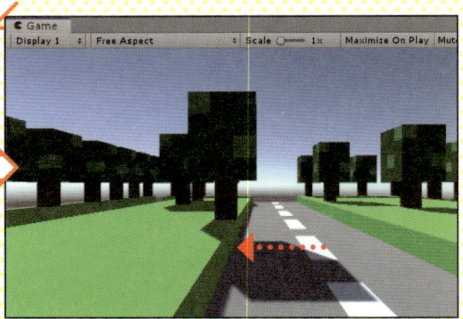

⬅で左に、➡キーで右に動きます。

フィールドの中を自分が歩いてるみたいだ！

RigidBodyFPSControllerがゲーム操作のためにマウスを使うので、ゲーム実行中はマウスポインタが非表示になっています。ゲームを終了したいときはまず Esc キーを押し、マウスポインタが表示されてから ［Play］ ボタンをクリックします。

# 04 | 武器を作る

次は主人公が持つ武器を作るんじゃ。簡単な鉄砲のような武器を作ってみよう

## 主人公に武器を持たせる

今回はCylinderを作って武器にします。Cylinderとは円筒のことです。

[Hierarchy] ウィンドウで [Create] - [3D Object] - [Cylinder] をクリックしてCylinderを作り、位置を整えます。

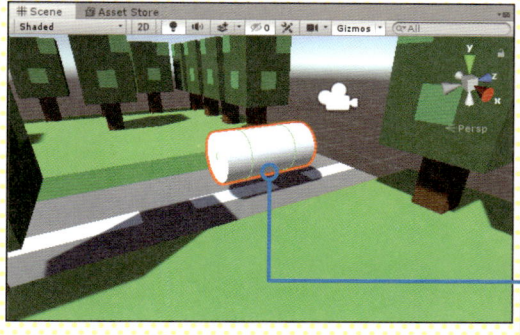

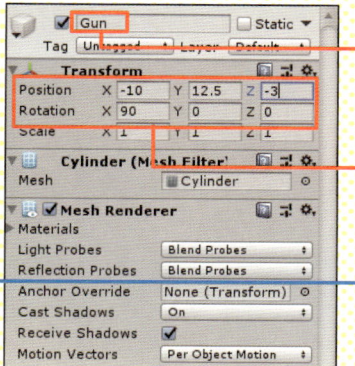

❶Cylinderの名前を「Gun」に変更

❷ [Position] を「X：-10、Y：12.5、Z：-3」に、[Rotation] を「X：90、Y：0、Z：0」に設定

Playerのすぐ前に武器が作られます。

ただの筒じゃん

そうじゃな。しかし［Game］ビューで見ると……

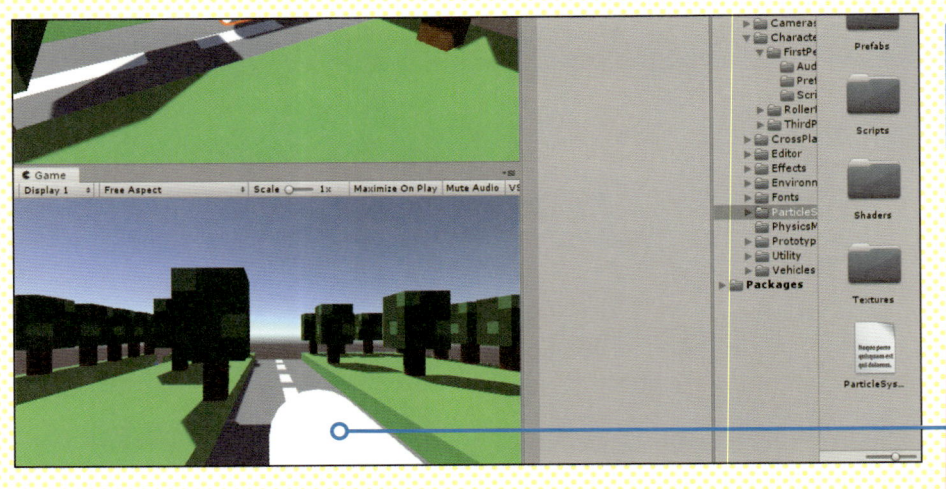

［Game］ビューで見るとプレイヤーが武器を持っているように表示されます。

おっ、武器持ってるっぽく見える！　カッケー！

Materialを作って武器に色を設定しましょう。ここから先、Materialを作るときには、［Project］ウィンドウでAssetsフォルダが選択されていることを確認してください。他のフォルダが選択されていると、そのフォルダの中にMaterialが作成されてしまいます。

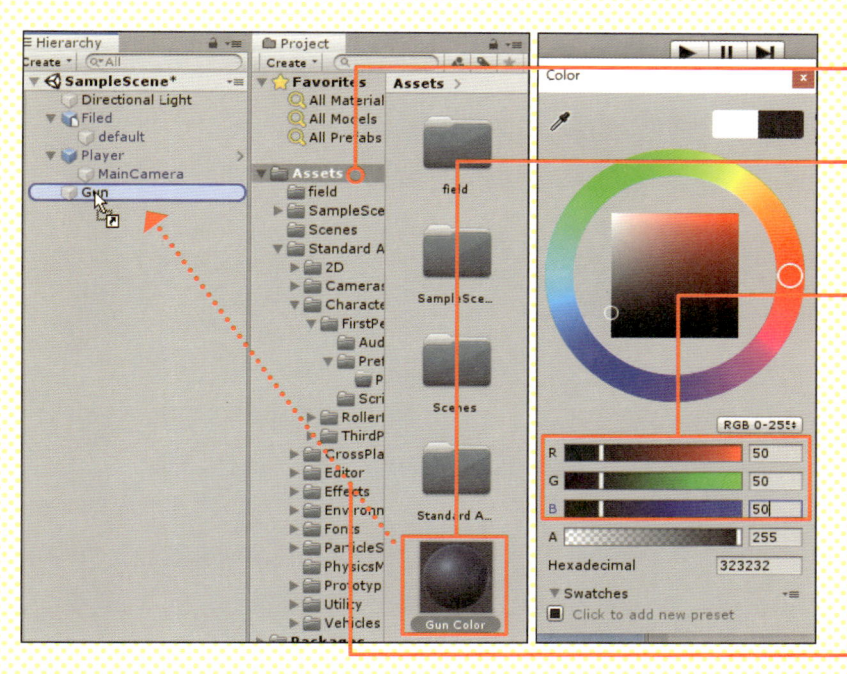

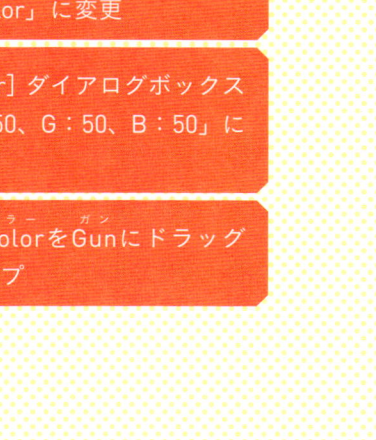

① [Assets] フォルダをクリック

②Materialを作成し、名前を「Gun Color」に変更

③ [Color] ダイアログボックスで「R：50、G：50、B：50」に設定

④Gun ColorをGunにドラッグ&ドロップ

⑤ [Play] ボタンをクリックしてゲームを実行する

⑥ゲームを実行して↑キーを押す

武器が残ってしまいます。

これでは戦えんのう。武器も一緒に動くように改良するぞ

# 武器と主人公が一緒に動くようにする

武器も一緒に動かすには、主人公のGameObjectの子にする必要があります。

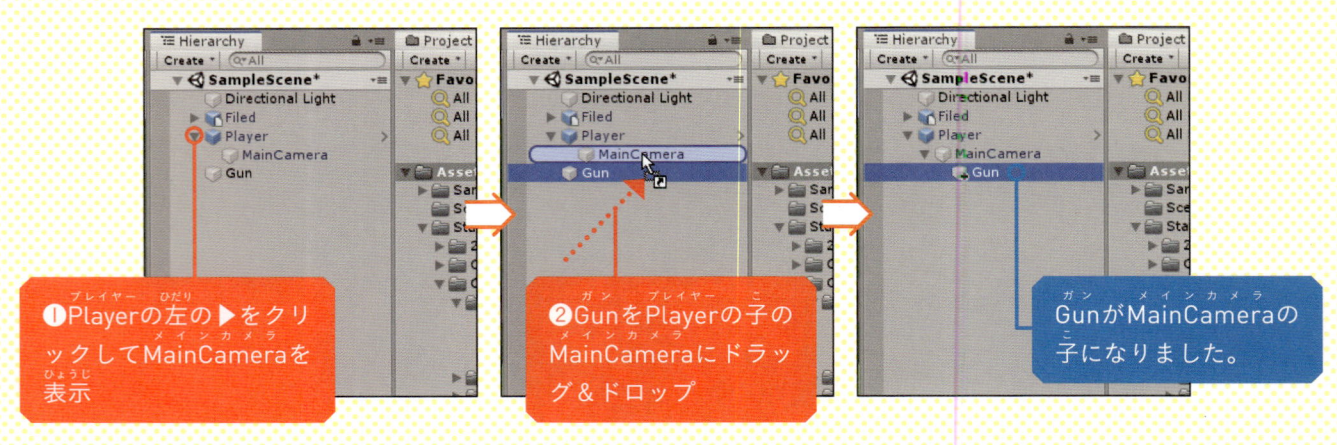

❶Playerの左の▶をクリックしてMainCameraを表示

❷GunをPlayerの子のMainCameraにドラッグ＆ドロップ

GunがMainCameraの子になりました。

また、武器を子にした場合、Playerに初期状態で追加されているCapsule Colliderが地面につくよう高さを調整しないと、移動できなくなります。
Capsule Colliderは薬のカプセルのように両端が丸まった筒の形をしています。

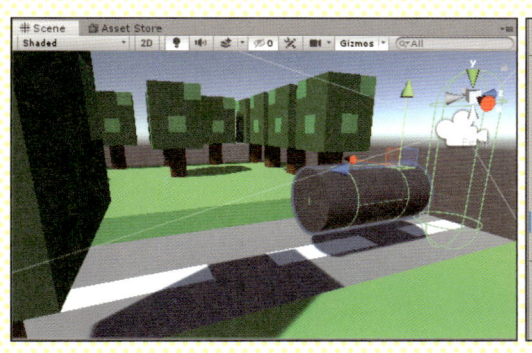

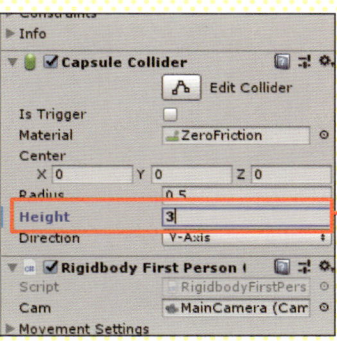

❸Playerをクリックして選択

❹ [Capsule Collider] コンポーネントの [Height] に「3」を設定

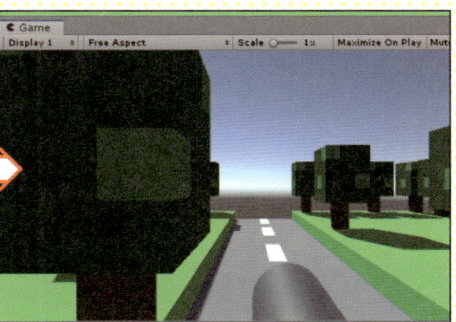

❺ [Play] ボタンをクリックしてゲームを実行

❻↑キーを押す

今度は武器と一緒に動いた！

スクリプトをまったく書かずにここまででできるんだから便利なもんじゃのう

# 05 | 武器から弾を発射する

武器から弾が出るようにする。やはりスクリプトを使うんだが、
その前にまずは弾が出てくる発射口を作ろう

## 発射口を作る

今は主人公の前に武器がある状態です。武器の先に発射口を作り、そこから弾を出すしくみにします。

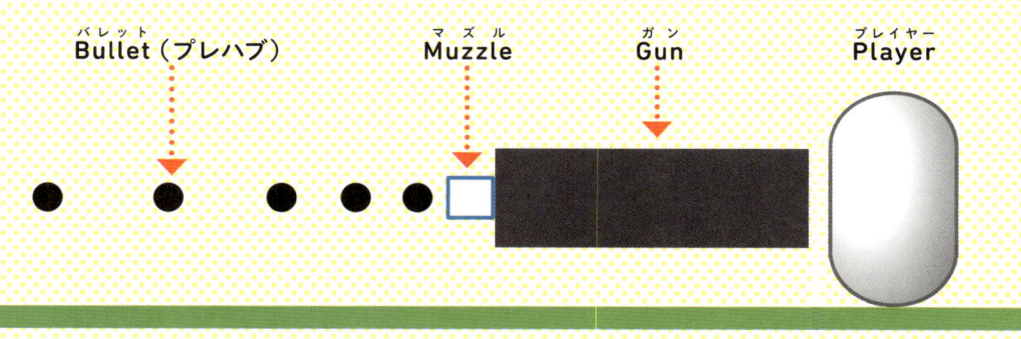

Bullet (プレハブ)　　　Muzzle　　Gun　　Player

発射口は空のGameObjectとして作成します。このGameObjectは、弾が出てくる位置と発射する方向を
決めるために必要です。また、弾を発射するスクリプトもこのGameObjectに追加します。

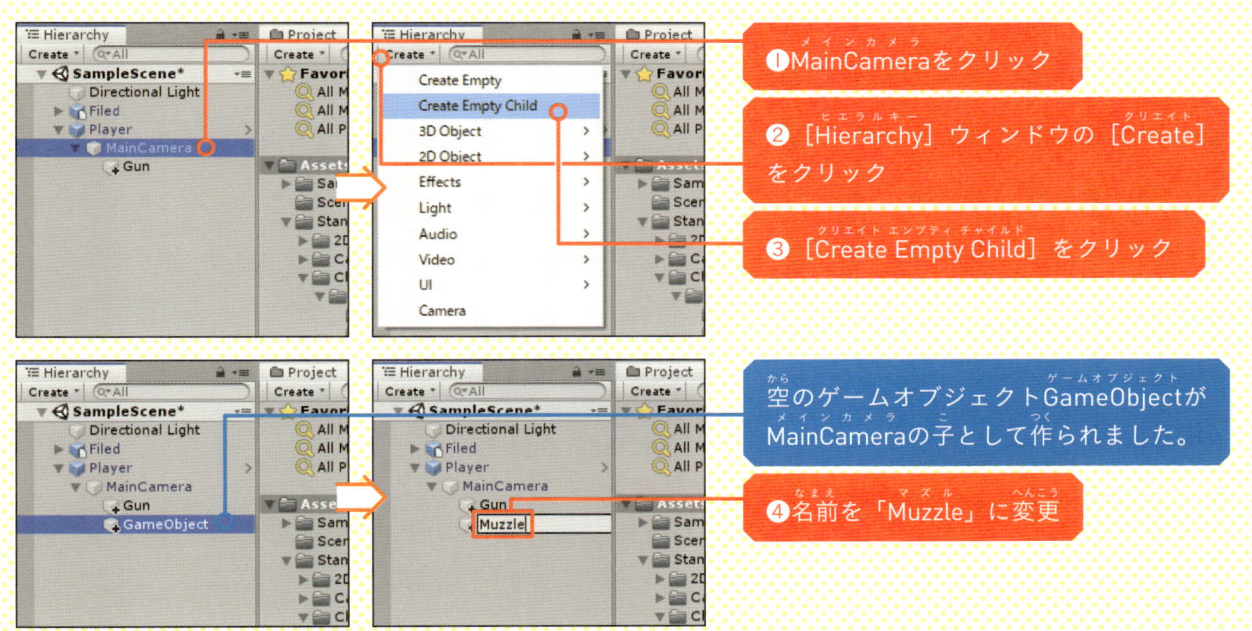

❶MainCameraをクリック

❷ [Hierarchy] ウィンドウの [Create] をクリック

❸ [Create Empty Child] をクリック

空のゲームオブジェクトGameObjectがMainCameraの子として作られました。

❹名前を「Muzzle」に変更

Muzzleは銃口という意味じゃ。鉄砲の弾が出てくる穴のことじゃな

## Muzzleが武器の先にくるように位置を調整

Muzzleの役割は、弾の初期位置と発射方向を決めることです。弾はMuzzleの青い矢印（Z軸）の方向に発射されます。

ここまで本の手順どおりに進めていれば角度は初期状態のままで問題ないはずなので、位置だけを調整します。

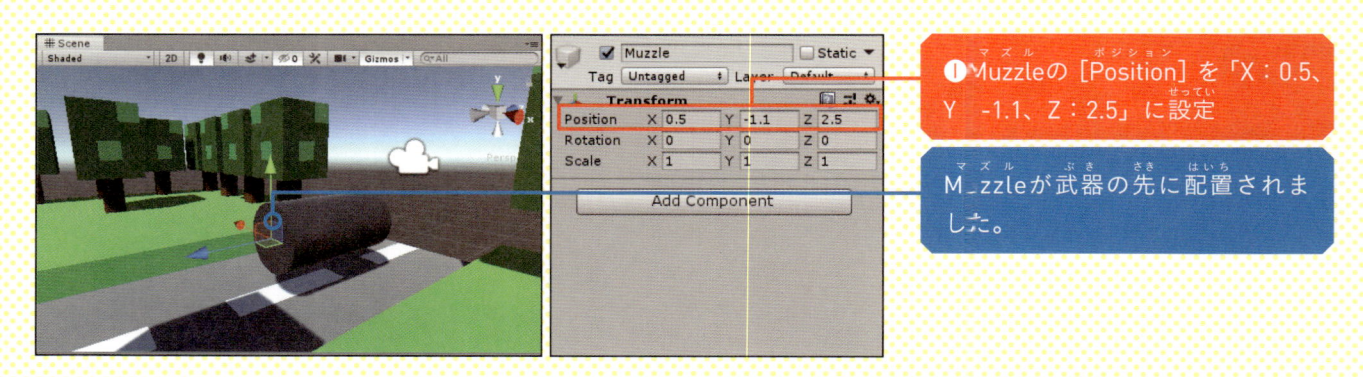

❶Muzzleの [Position] を「X：0.5、Y -1.1、Z：2.5」に設定

M_zzleが武器の先に配置されました。

もし思ったとおりの方向に弾が飛ばないときは、Muzzleの青い矢印の向きを確認してください。

## 弾を作る

次は弾を作るぞい。たくさん発射したいからプレハブにするんじゃ

[Hierarchy] ウィンドウで [Create] - [3D Object] - [Sphere] をクリックしてSphereを作ります。

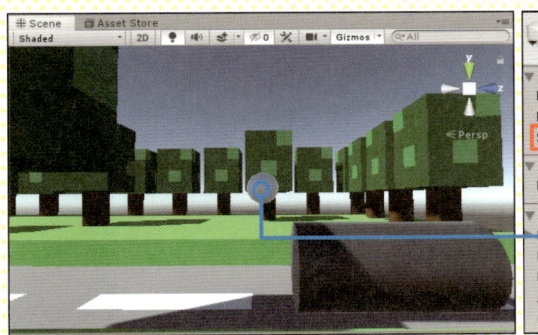

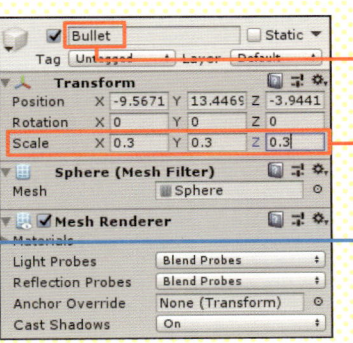

❶Sphereの名前を「Bullet」に変更

❷ [Scale] を「X：0.3、Y：0.3、Z：0.3」に設定

これがBalletです。

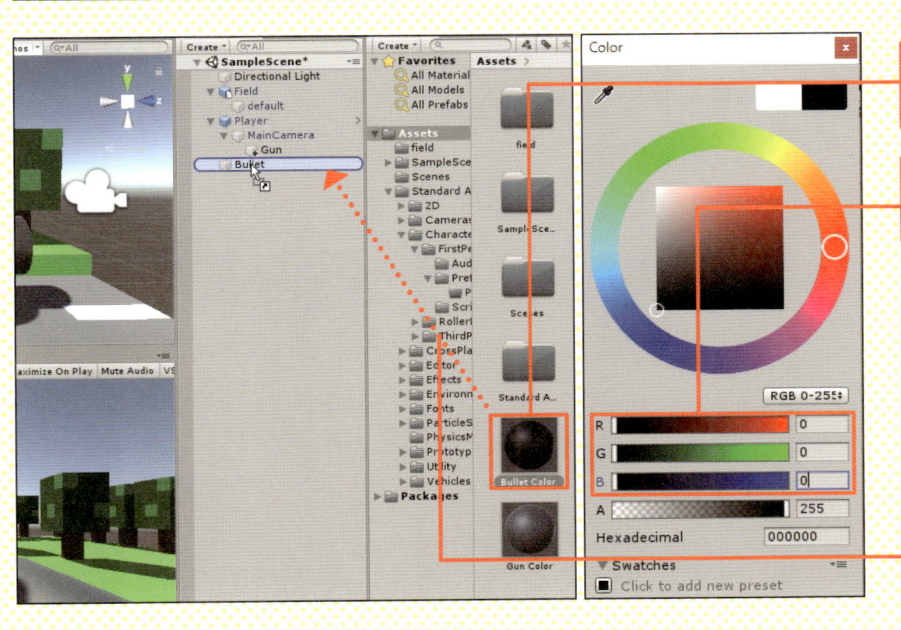

❸Materialを作成し、名前を「Bullet Color」に変更

❹ [Color] ダイアログボックスで「R：0、G：0、B：0」に設定

❺Bullet ColorをBulletにドラッグ＆ドロップ

弾にRigidbodyコンポーネントを
追加します。これで弾は物理法則
に沿って動くようになります。

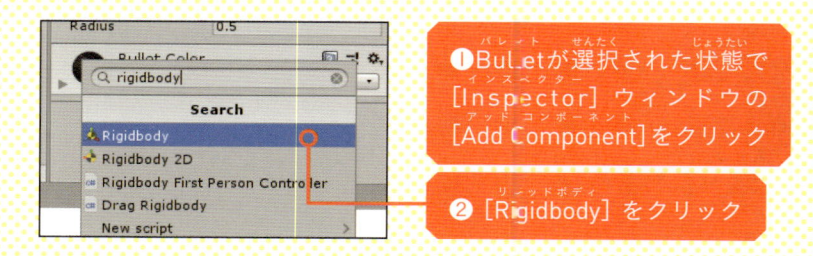

❶Bulletが選択された状態で
[Inspector] ウィンドウの
[Add Component]をクリック

❷ [Rigidbody] をクリック

## 弾をプレハブにする

弾はスクリプトで大量に複製できるようにしたいので、プレハブにします。

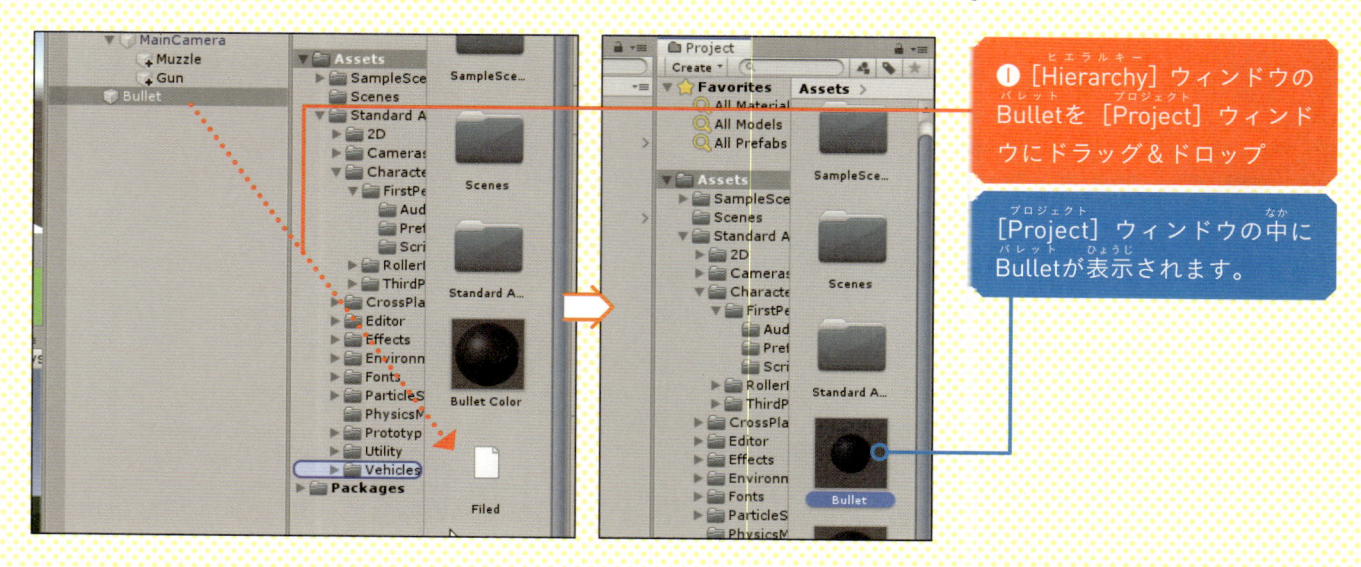

❶ [Hierarchy] ウィンドウの
Bulletを [Project] ウィンド
ウにドラッグ＆ドロップ

[Project] ウィンドウの中に
Bulletが表示されます。

[Hierarchy] ウィンドウに配置したBulletのGameObjectは不要なので削除します。

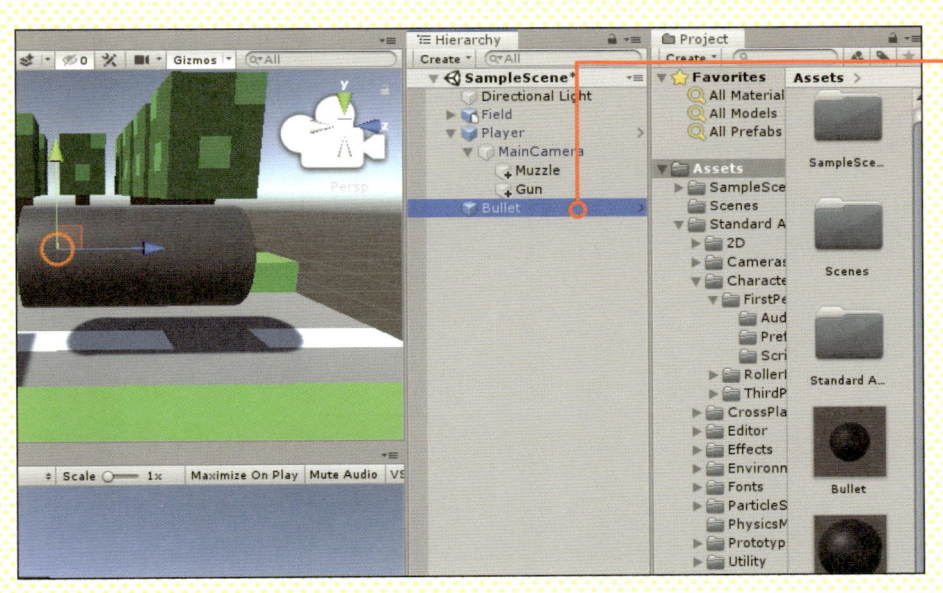

❶Bulletをクリック

❷ Delete キーを押す

これで武器、発射口、弾は完成じゃ

はやく弾を発射したいゼー

せっかちね

# 06 | 弾を発射するスクリプトを作る

いよいよスクリプトの出番じゃ。今回はマウスのボタンがクリックされたら弾を発射するようにするぞ

## スクリプトを作る

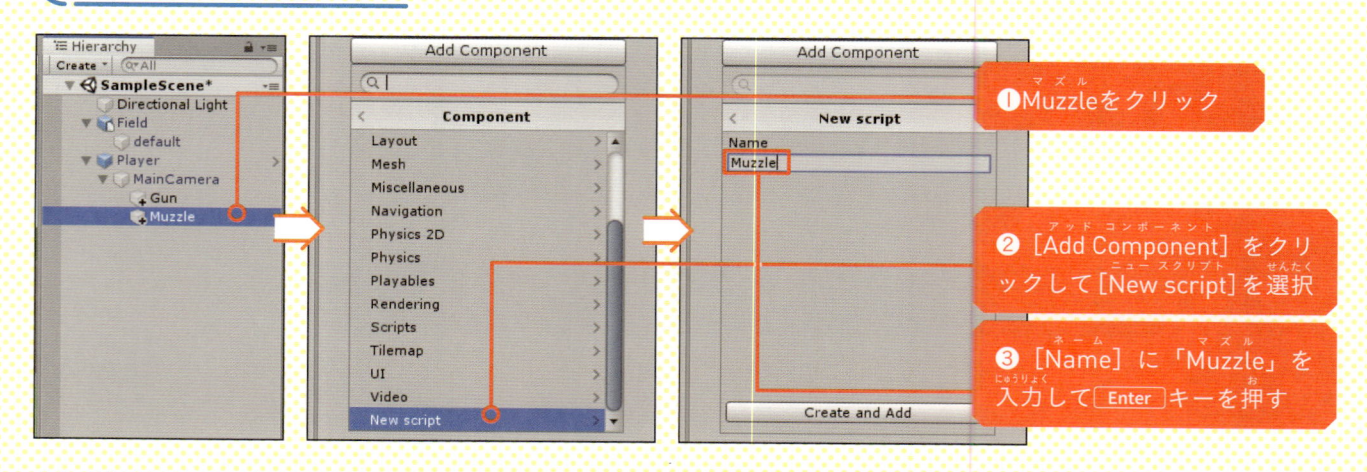

❶ Muzzleをクリック

❷ [Add Component] をクリックして [New script] を選択

❸ [Name] に「Muzzle」を入力して Enter キーを押す

Visual StudioでMuzzle.csを編集しましょう。今回はUpdateメソッドのみを書きます。

少し長くなるので2回に分けて入力していきましょう。まずはパブリック変数を作ります。

### ■ Muzzle.cs

```
5    public class Muzzle : MonoBehaviour{

6        public GameObject PreBullet;

7        void Update(){

8        }

9    }
```

## 読み下し文

5   MonoBehaviourをうけついだMuzzleという名前のパブリックなクラスを作れ ｛

6       パブリックなゲームオブジェクト型の凸PreBulletを作る。

7       戻り値なし、引数なしでUpdateという名前のメソッドを作れ ｛

8       ｝

9   ｝

次にUpdateメソッドの中を入力していきます。

## ■Muzzle.cs

```
 7      void Update(){

 8          if (Input.GetMouseButtonDown(0) == true){

 9              GameObject bullet = Instantiate(PreBullet);

10              bullet.transform.position =

11                  this.transform.position;

12              Rigidbody rbody = bullet.GetComponent<Rigidbody>();

13              rbody.AddForce(this.transform.forward * 1000);

14          }

15      }
```

## 読み下し文

7　戻り値なし、引数なしでUpdateという名前のメソッドを作れ ｛

8　　もしも「Inputオブジェクトから数0でマウスのボタンをゲットした結果がtrueと同じ」が正しいなら実行せよ｛

9　　　卍PreBulletのインスタンスを作り、GameObject型の卍bulletに入れろ。

10
11　　　このGameObjectのtransformのpositionを、卍bulletのtransformのpositionに入れろ。

12　　　卍bulletのGameObjectのRigidbody型のコンポーネントをゲットし、Rigidbody型の卍rbodyに入れろ。

13　　　卍rbodyにこのGameObjectのtransformの前方向掛ける数1000の結果を加えろ。

14　　　｝

15　　｝

> マウスのボタンが押されたかどうか調べるメソッド以外は、説明済みのものばかりじゃ

今回はマウスのボタンが押されたときだけ弾を発射するので、まずif文でマウスのボタンが押されたかどうかをチェックします。GetMouseButtonDownは引数で指定したボタンの状態を調べるInputオブジェクトのメソッドです。ボタンが押されていた場合、trueという戻り値を返します。

GetMouseButtonDownメソッドの引数の0ってどういう意味？

左ボタンのことじゃ。マウスの3つのボタンそれぞれに番号が割り当てられているんじゃ

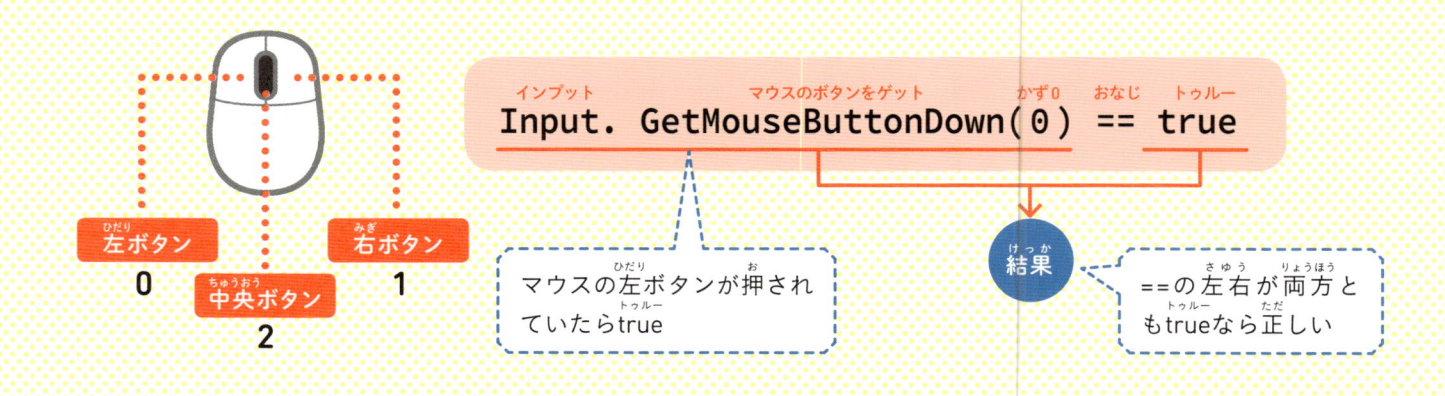

インプット　　　　　　　　　マウスのボタンをゲット　　　かず0　おなじ　トゥルー
Input. GetMouseButtonDown(0) == true

左ボタン
0

中央ボタン
2

右ボタン
1

マウスの左ボタンが押されていたらtrue

結果

==の左右が両方ともtrueなら正しい

マウスの左ボタンが押されていたら、if文のブロック内の処理を行います。Instantiateメソッドでインスタンスを作ってGameObject型の変数Bulletに入れます。

続いて「bullet.transform.position」に「this.transform.position」を入れています。つまりMuzzleのGameObjectの現在の位置を調べて、Bulletをその位置に合わせているのです。

## ■Mazzle.csの10、11行目

```
10    bullet.transform.position =
11    this.transform.position;
```

## 読み下し文

10
11  このGameObjectのtransformのpositionを、凸bulletのtransformのpositionに入れろ。

最後にRigidbodyオブジェクトのAddForceメソッドで発射します。

## ■Mazzle.csの13行目

```
13    rbody.AddForce(this.transform.forward * 1000);
```

## 読み下し文

13  凸rbodyにこのGameObjectのtransformの前方向掛ける数1000の結果を加えろ。

スクリプトを保存したら、Unityエディタでパブリック変数PreBulletにBulletのプレハブを設定します。

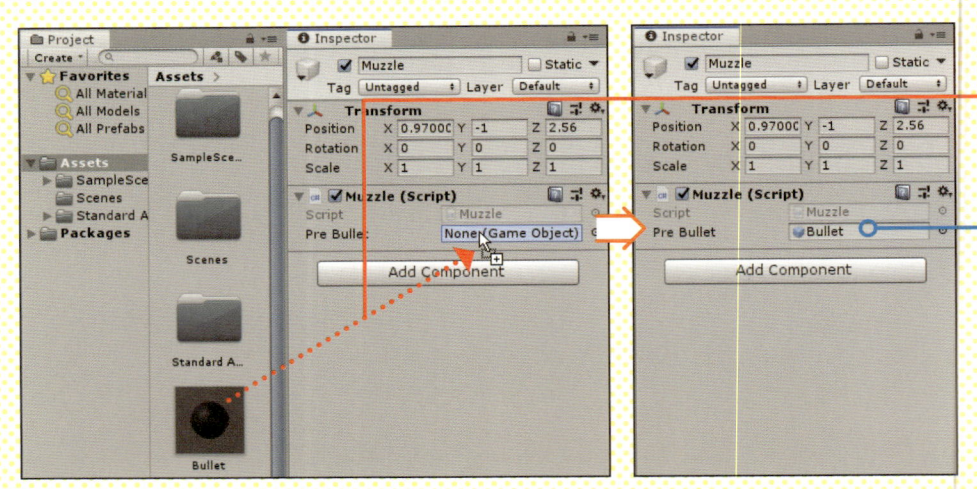

❶Bulletのプレハブを、[Pre Bullet] にドラッグ＆ドロップ

[Pre Bullet] にBulletと表示されます。

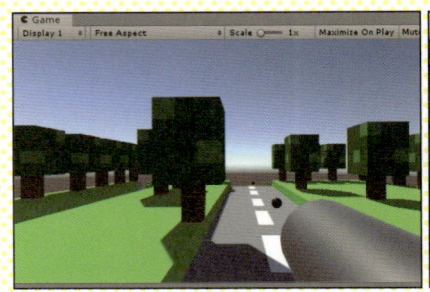
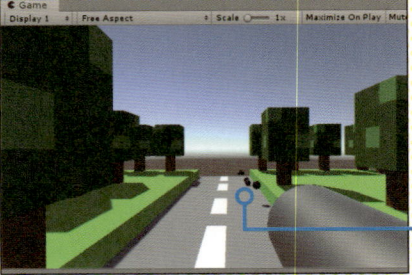

❷ [Play] ボタンをクリックしてゲームを実行

❸マウスの左ボタンをクリック

クリックするたびに武器から弾が発射されます。

うおー、連射するぞー

# 07 | 弾が当たると消える標的を作る

撃ちっぱなしじゃなくて的がほしいね

もちろんじゃ、次は標的を作るぞ。標的にもちょっとした仕掛けをつけてみよう

## 標的のGameObjectを作る

標的もCylinderで作ります。

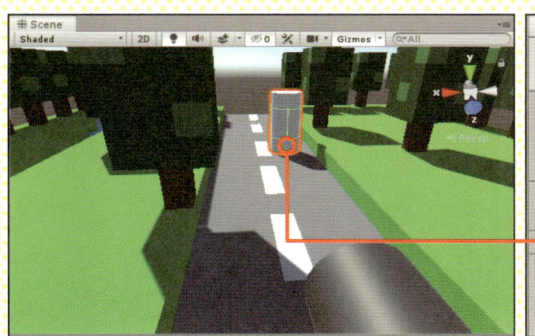

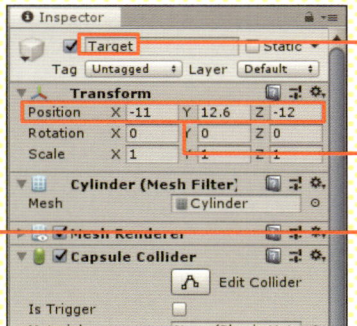

❶Cylinderの名前をTargetに変更

❷ [Position] を「X：-11、Y：12.6、Z：-12」に設定

❸道路の奥に標的が作られます。

235

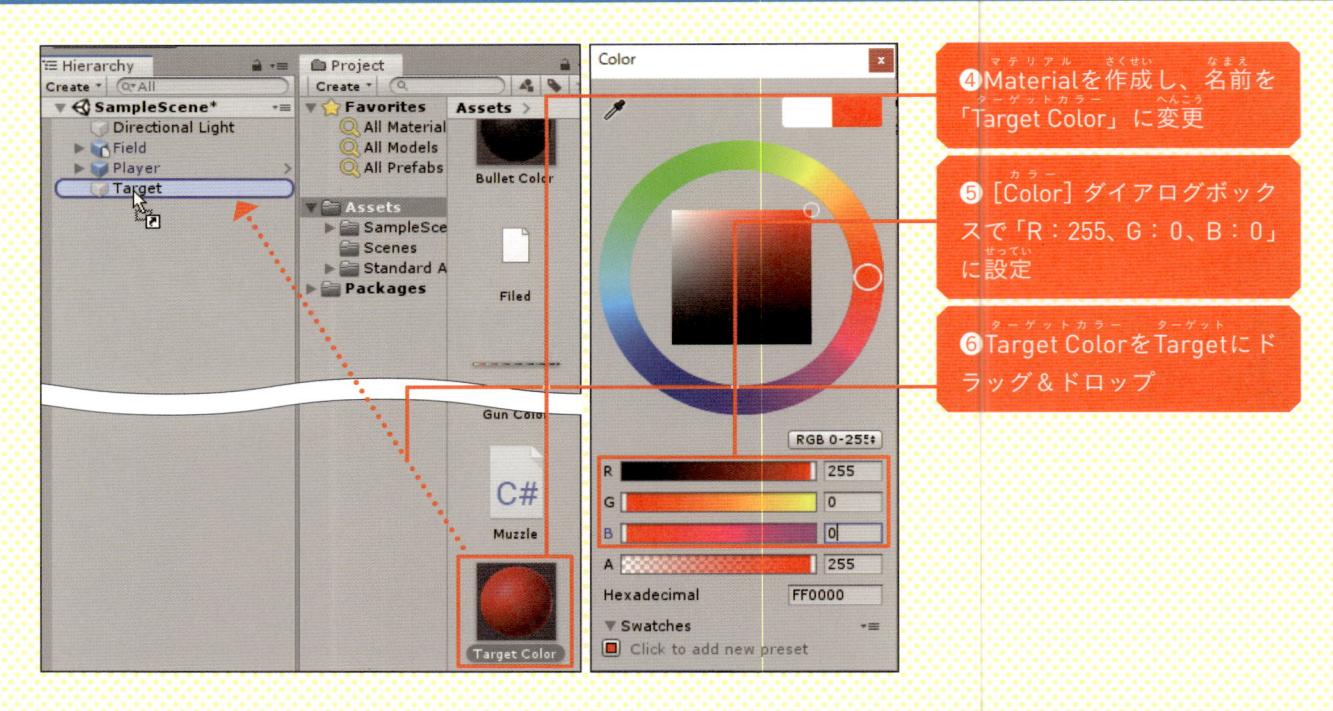

❹ Materialを作成し、名前を「Target Color」に変更

❺ [Color] ダイアログボックスで「R：255、G：0、B：0」に設定

❻ Target ColorをTargetにドラッグ＆ドロップ

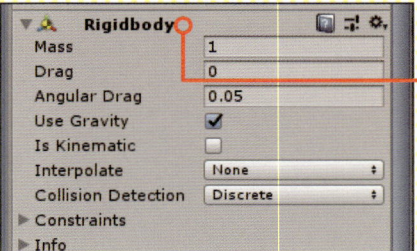

❼ [Add Component] をクリックしてRigidBodyコンポーネントを追加

標的に狙いを定めて弾を発射するのじゃ

❶ [Play] ボタンをクリックしてゲームを実行

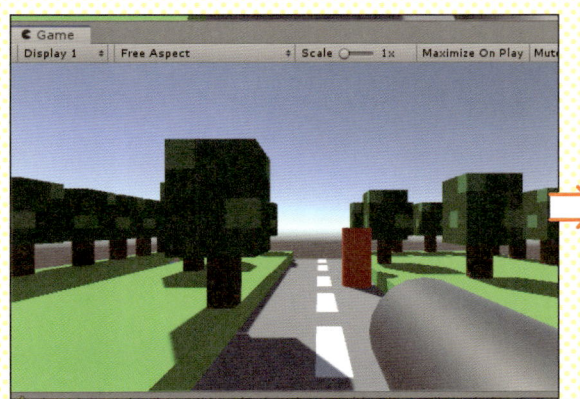 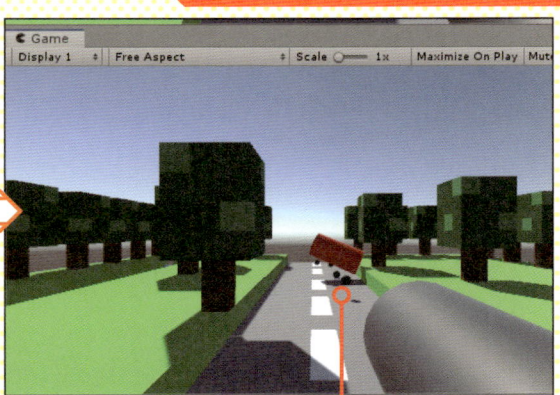

❷標的を狙ってマウスをクリック

やった！ 当たった！ 標的がひっくり返ったぞ

標的にRigidbodyコンポーネントを追加してあるから、物理法則にしたがってひっくり返ったんじゃ。でもこれだけだとやっつけた感じがしないのぉ

# 弾が当たると標的が消えるスクリプトを作成する

さて、次はひっくり返るだけじゃなく、弾が当たったら標的が消えるようにしよう

標的のGameObjectにスクリプトを追加します。

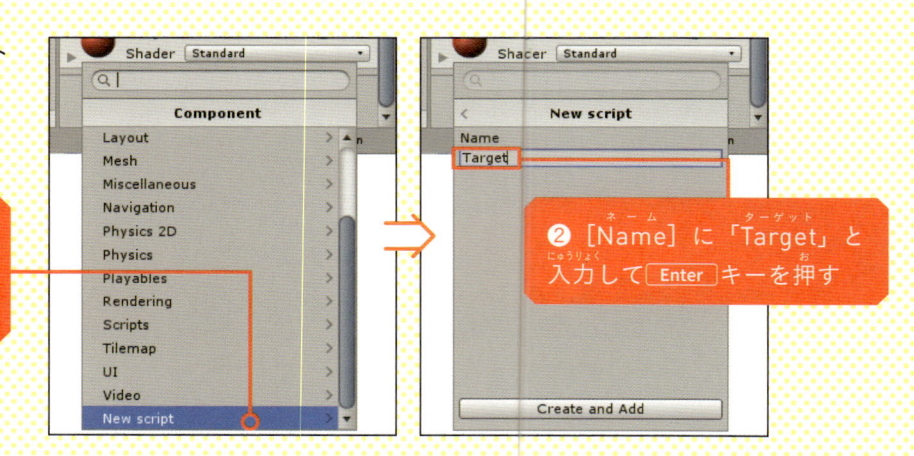

❶ Targetを選択した状態で[Add Component]をクリックして[New script]を選択

❷ [Name]に「Target」と入力して Enter キーを押す

弾が衝突したときに消える、ってことだからOnCollisionEnterとDestroyを使うのかな？

その通りじゃ！　わかってきたじゃないか

StartメソッドやUpdateメソッドを削除し、OnCollisionEnterメソッドを追加します。

## ■Target.cs

```
5    public class Target : MonoBehaviour{
6        void OnCollisionEnter(Collision collision){
7            if (collision.gameObject.tag == "Bullet"){
8                Destroy(gameObject, 0.3f);
9            }
10        }
11    }
```

# 読み下し文

5　MonoBehaviourをうけついだTargetという名前のパブリックなクラスを作れ {

6　　戻り値なし、Collision型の蛆collisionを受け取るOnCollisionEnterという名前のメソッドを作れ {

7　　　もしも「蛆collisionのGameObjectのtagが、文字『Bullet』と同じ」が正しいなら実行せよ{

8　　　　数0.3秒後、GameObjectを破壊せよ。

9　　　}

10　}

if文の条件式は迷路ゲームで犬を消したときと同じように、衝突相手のタグが「Bullet」かどうかをチェックしています（タグはこのあとで設定します）。

Destroyメソッドはブロック崩しでブロックを消したときの書き方とほとんど同じです。ただし、2つ目の引数に数0.3を指定しています。2つ目の引数には、オブジェクトを破壊するまでのディレイ（遅れ）時間を設定することができます。つまりここでは0.3秒後にGameObjectを破壊します。

**ディレイ時間は好みで調整してみてくれ**

**よし、完成。ゲームを実行〜っと**

**待って、弾にタグを割り当てないと**

# 弾にTagを付ける

「Bullet」というタグを作成し、Bulletのプレハブに割り当てます。

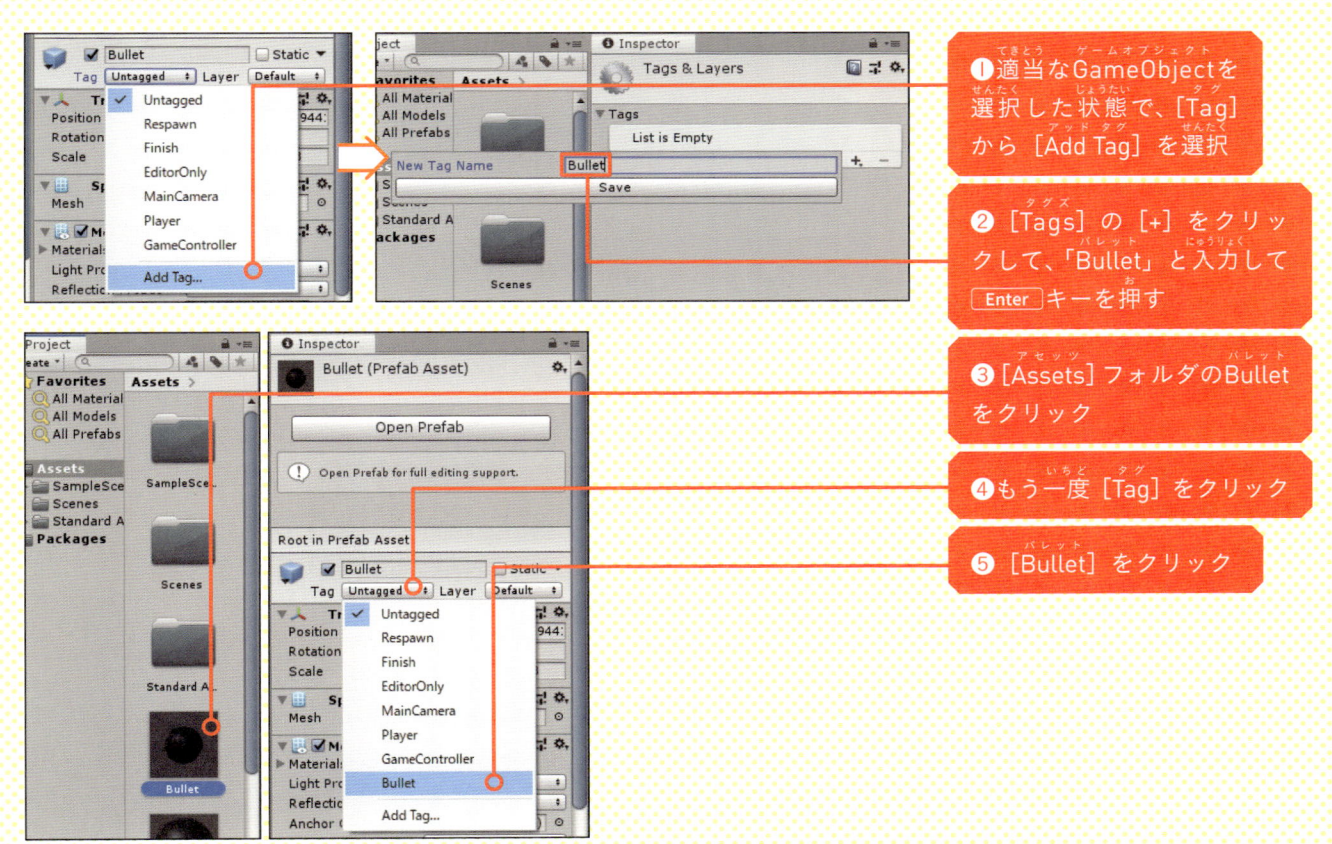

❶ 適当なGameObjectを選択した状態で、[Tag]から [Add Tag] を選択

❷ [Tags] の [+] をクリックして、「Bullet」と入力して Enter キーを押す

❸ [Assets] フォルダのBulletをクリック

❹ もう一度 [Tag] をクリック

❺ [Bullet] をクリック

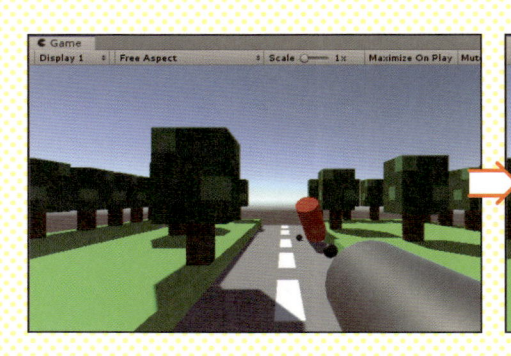
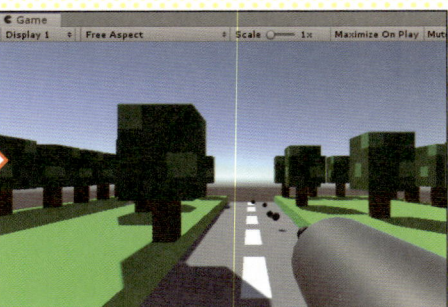

弾が命中すると、一瞬間を
おいて標的が消えました。

これで完成じゃ！　お疲れさまじゃったのう

標的が動かないのがちょっとなー。迷路ゲームみたいに移動させたいね

やってみたらいいんじゃない？　簡単な改造から手を付けてみると勉強になる

博士もお疲れさまー。飴あげるからもっと教えてよ

ありがとサン！　Unityの情報はネットにもたくさんあるから、自分で調べてみるのもためになるぞ

# 01 | Unityをインストールする

## Unity Hubをダウンロードする

Unityの公式サイト（https://Unity3d.com/jp/get-unity/download）からUnity Hubをダウンロードします。Unity HubはUnity本体をインストールするためのツールです。インストールの途中でメールアドレスが必要になるので、保護者の方と相談して進めてください。

**❶** 公式サイトにアクセス

**❷** [Unity Hubをダウンロード] をクリック

ダウンロードしたファイルをダブルクリックしてインストールを行います。

# Windows版のUnity Hubをインストールする

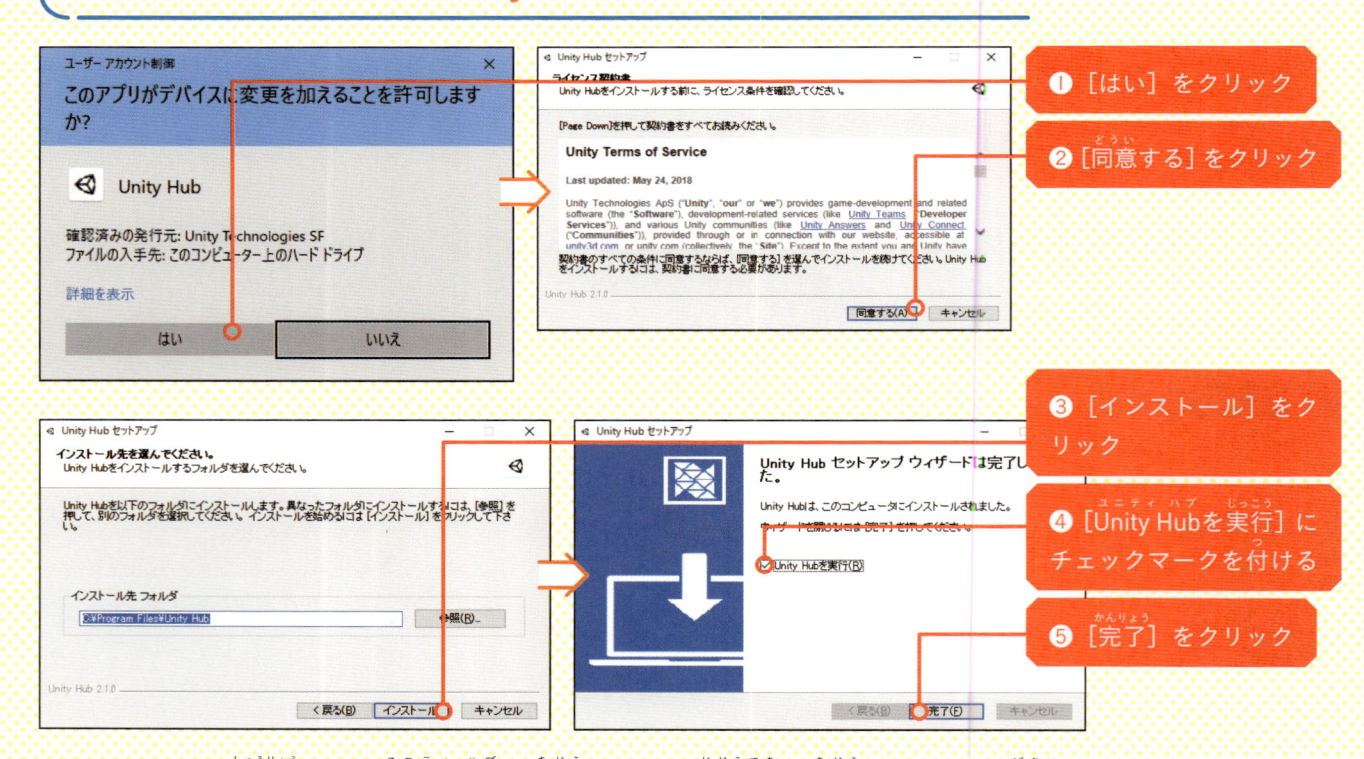

❶ [はい] をクリック

❷ [同意する] をクリック

❸ [インストール] をクリック

❹ [Unity Hubを実行] にチェックマークを付ける

❺ [完了] をクリック

インストールが終了するとUnity Hubが起動します。自動的に起動しなかった場合は、スタートメニューからUnity Hubを探して起動してください。
続いて246ページで解説するUnity IDの作成を行います。

# macOS版のUnity Hubをインストールする

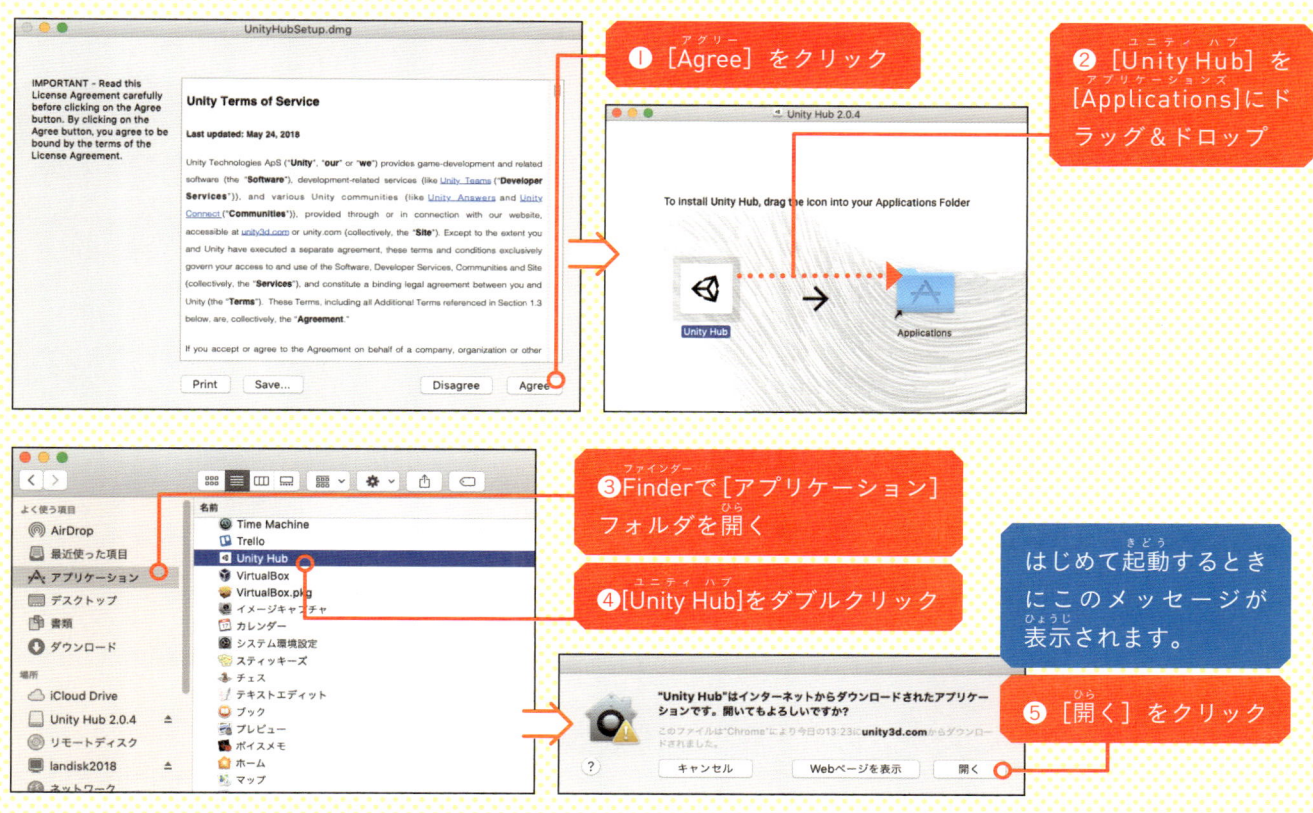

① [Agree] をクリック

② [Unity Hub] を [Applications]にドラッグ＆ドロップ

③Finderで[アプリケーション]フォルダを開く

④[Unity Hub]をダブルクリック

はじめて起動するときにこのメッセージが表示されます。

⑤ [開く] をクリック

Unity Hubが起動します。続いて次ページでUnity IDの作成を行います。

## Unity IDを作成する

ユニティ アイディ　さくせい

Unity IDを作成します。

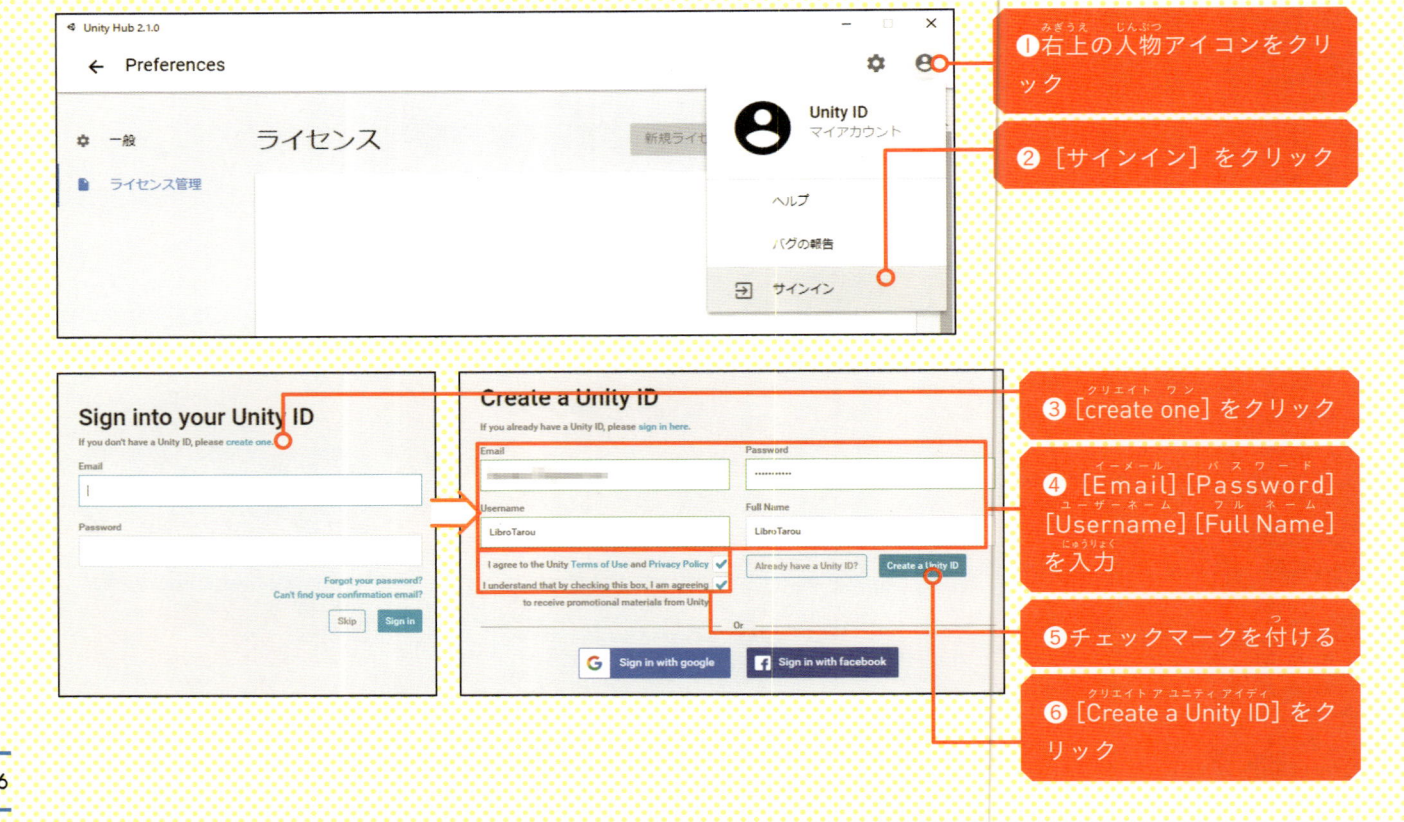

❶右上の人物アイコンをクリック

❷[サインイン]をクリック

❸[create one]をクリック

❹[Email][Password][Username][Full Name]を入力

❺チェックマークを付ける

❻[Create a Unity ID]をクリック

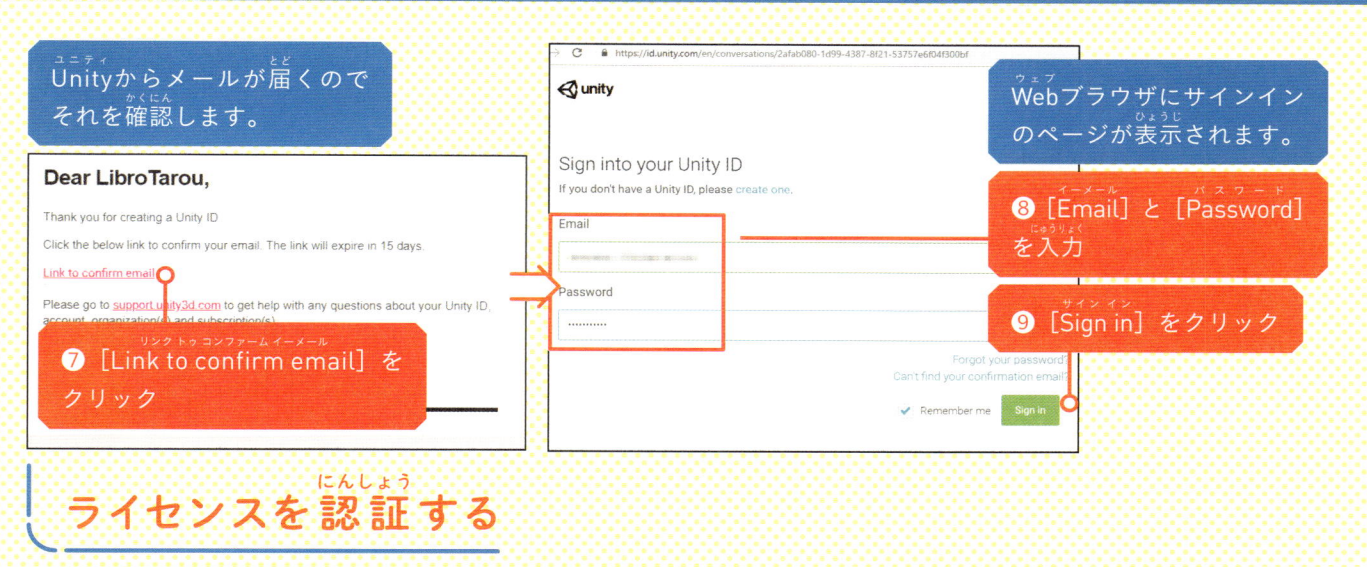

Unityからメールが届くので
それを確認します。

Webブラウザにサインイン
のページが表示されます。

**Dear LibroTarou,**

Thank you for creating a Unity ID

Click the below link to confirm your email. The link will expire in 15 days.

Link to confirm email

Please go to support.unity3d.com to get help with any questions about your Unity ID, account, organization/id, and subscription(s).

❼ [Link to confirm email] を
クリック

Sign into your Unity ID

If you don't have a Unity ID, please create one.

Email

Password

Forgot your password?
Can't find your confirmation email?

✔ Remember me    Sign in

❽ [Email] と [Password]
を入力

❾ [Sign in] をクリック

## ライセンスを認証する

Unity Hubに切り替えてライセンス認証という作業を行います。

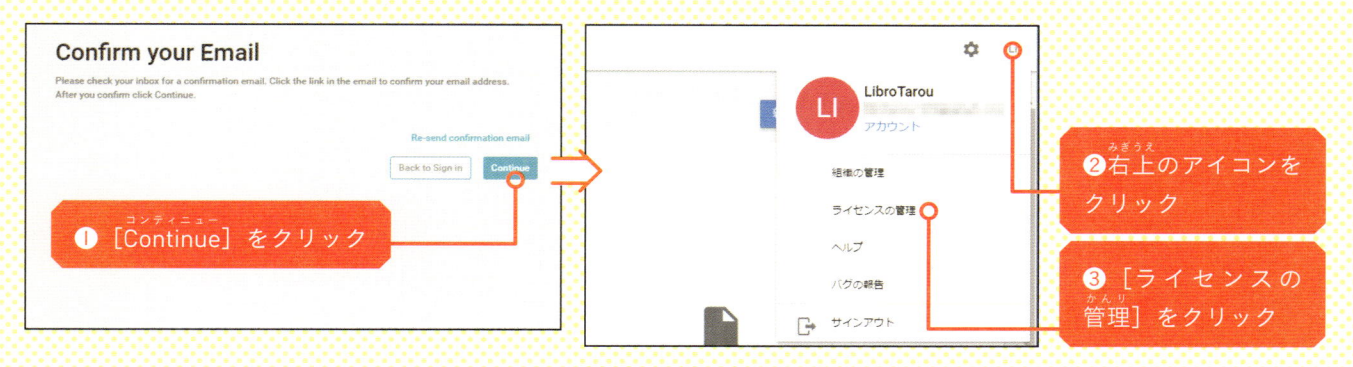

**Confirm your Email**

Please check your inbox for a confirmation email. Click the link in the email to confirm your email address.
After you confirm click Continue.

Re-send confirmation email

Back to Sign in    Continue

❶ [Continue] をクリック

LibroTarou
アカウント

組織の管理

ライセンスの管理

ヘルプ

バグの報告

サインアウト

❷右上のアイコンを
クリック

❸ [ライセンスの
管理] をクリック

④ ［新規ライセンスの認証］をクリック

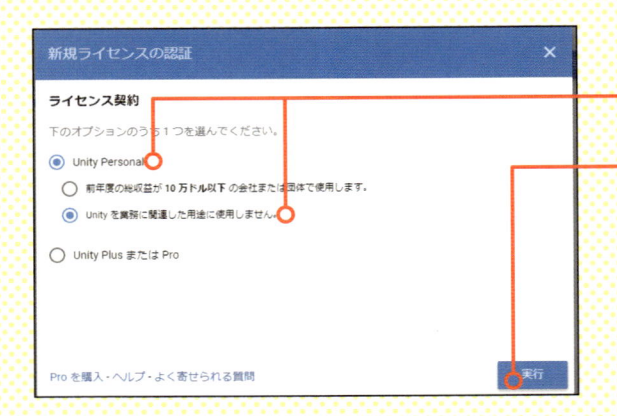

⑤ ［Unity Personal］と ［Unityを業務に関連した用途に使用しません。］を選択

⑥ ［実行］をクリック

ライセンスの認証処理が始まるので、終わるまで待ちます。

## Unityをインストールする

Unityのバージョンを選んでインストールを行います。本書はバージョン「2019.1.x」をインストールした状態で解説しています。

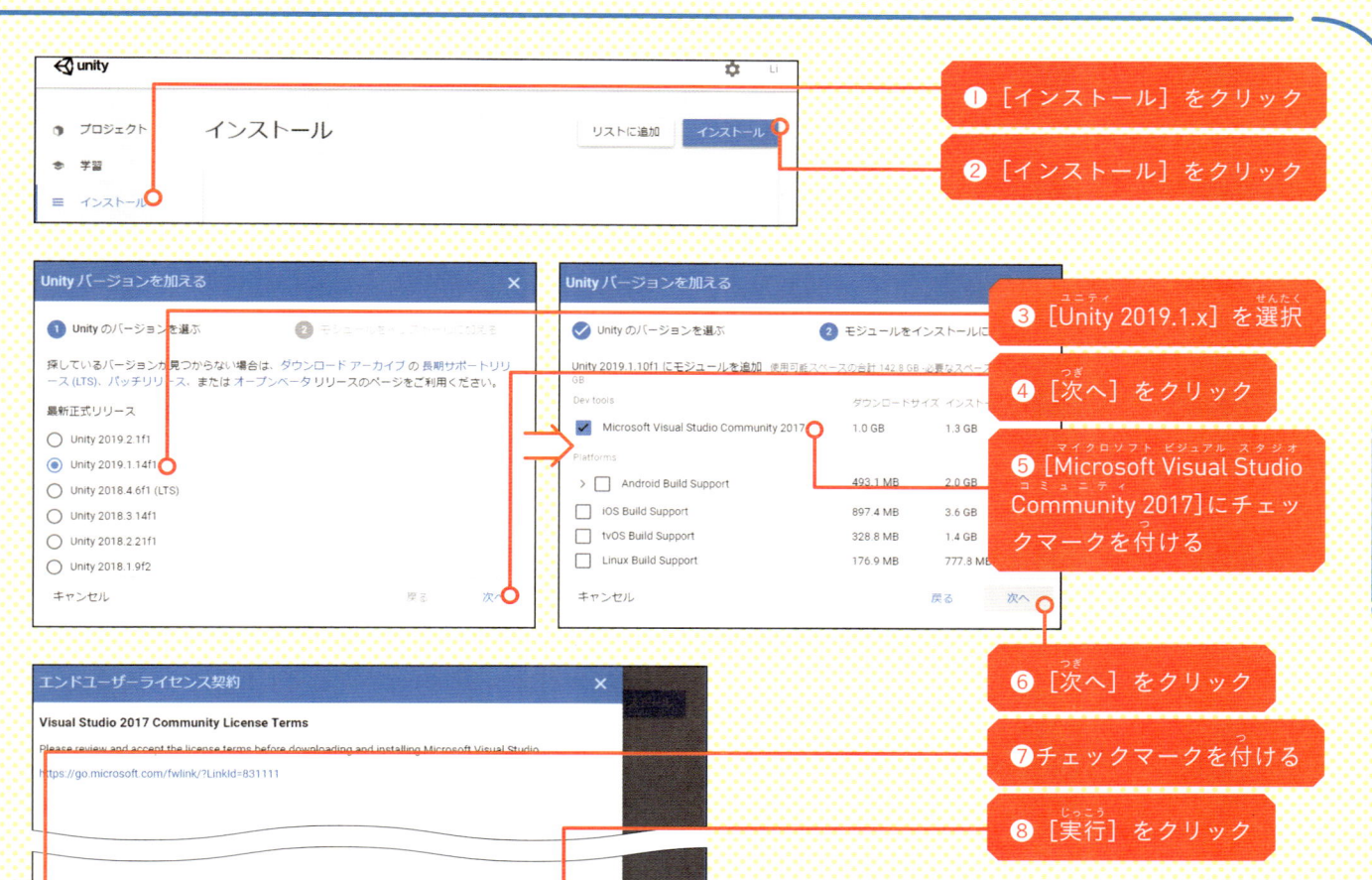

① ［インストール］をクリック

② ［インストール］をクリック

③ ［Unity 2019.1.x］を選択

④ ［次へ］をクリック

⑤ ［Microsoft Visual Studio Community 2017］にチェックマークを付ける

⑥ ［次へ］をクリック

⑦ チェックマークを付ける

⑧ ［実行］をクリック

# 02 | サンプルプロジェクトを開く

プロジェクトを開くには、Unity Hubのリストにプロジェクトを追加します。

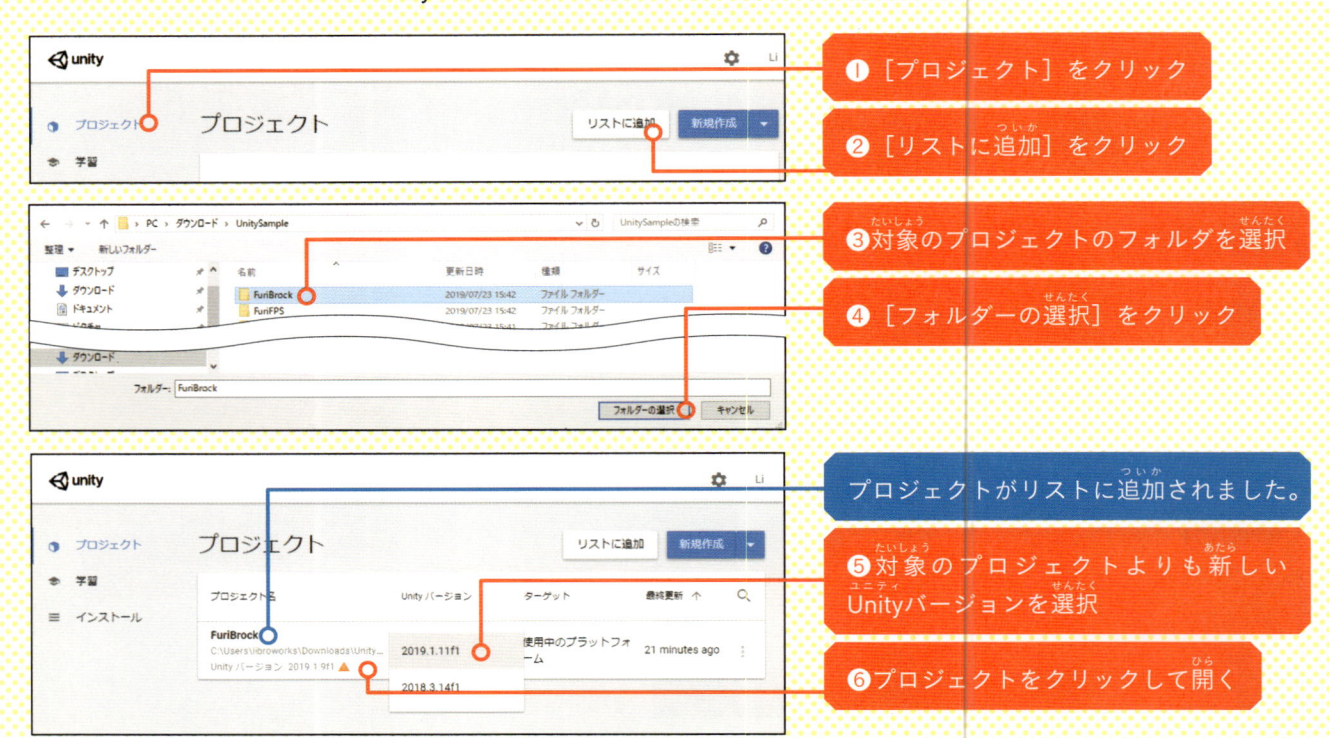

① ［プロジェクト］をクリック

② ［リストに追加］をクリック

③ 対象のプロジェクトのフォルダを選択

④ ［フォルダーの選択］をクリック

プロジェクトがリストに追加されました。

⑤ 対象のプロジェクトよりも新しいUnityバージョンを選択

⑥ プロジェクトをクリックして開く

# あとがき

Unityはパソコンやスマートフォン、ゲーム機などいろいろな端末で動くゲームを製作できる2D/3Dゲーム開発エンジンです。ゴーグルをのぞくと360度ゲームの世界を見渡せるような「VR（Virtual Reality）」、スマートフォンのカメラを通して画面を見ると現実世界にキャラクターが現れる「AR（Augmented Reality）」といった技術もUnityで使うことができます。

そのようなプロ仕様のUnityとプログラミング言語のC♯ですが、近年は、プロや大人だけでなく、高校生や高専生、そして小学生・中学生も使い始めるようになりました。ユニティ・テクノロジーズ・ジャパン合同会社主催の「Unityインターハイ」（https://inter-high.Unity3d.jp/）では、18歳までの学生たちがオリジナル作品を開発・発表しています。

小・中学生が通うプログラミング教室でも、実際に小学生からUnityの開発環境を使い、C♯を学び始める人たちがいます。かんたんなプログラミングでどうやったらゲームをおもしろくできるか考えたり、3Dモデリングソフトを使ってゲームに登場する3Dのキャラクターを自分でつくったりしています。

小学生や中学生でもゲームをつくることができる人たちは、「プログラミングを続けるコツ」を少しだけ知っています。

この本を読んでみて、Unityってむずかしい、プログラミングがわからないと感じた人がいたら、ぜひ以下の3つの「コツ」を試してみてください。

1つ目は、「つくりたいものからつくること」です。この本や他のプログラミング本の中にも簡単な作例と難しい作例がありますが、一番つくってみたいものがあるときは、つくりたいものから始めてもOKです。自分が心からわくわくして夢中になれるものであれば、少し難しい内容でもチャレンジを続けられるはずです。

2つ目は、「わからないこと、できないことがあって当たり前の世界」ということです。プロの人たちでさえ、新しい技術に挑戦するときはわからないことがたくさんあるので、調べたり別の方法を試したりを何度も繰り返します。そして、本当にたくさん調べて考えて、それでもできなかったら一度離れて「できることから始める」のもアリです。考えるパワーが溜まったら再開すればいいですし、もしかすると別の解決法を思いつくかもしれません。

3つ目は、「コードの意味を自分なりに理解すること」です。本に書いてあるプログラムをそのまま写すだけでなく、一行一行の意味を自分のことばで理解してみてください。この本に出てきたようなキャラクターに例えてみてもいいですし、Scratchのようなビジュアルプログラミングを使ったことがある人は、Scratchだとどのようなコードになるか考えてみてもいいですね。

この本を読んだみなさんが、UnityやC♯のプログラミングを通して新しい世界に出会えることを願っています。

2019年8月　LITALICOワンダー

# 索引

## 記号・数字

; （セミコロン） ……… 99, 152
. （ドット） ……… 90
* （アスタリスク） ……… 116
== （イコール2つ） ……… 179
3D空間 ……… 27

## A・B

AddForceメソッド ……… 90
Asset Store ……… 203, 209
Assets ……… 39
Box Colliderコンポーネント … 34, 172

## C

C# ……… 13
Capsule Collider ……… 218
Colliderコンポーネント … 16, 127, 172
Collisionオブジェクト ……… 16, 127
[Color] ダイアログボックス ……… 41
Cube ……… 26
Cylinder ……… 217

## D

Destroyメソッド ……… 128, 240
Drag ……… 118
Duplicate ……… 52

## E

else if文 ……… 183
else文 ……… 197

## F

float型 ……… 17, 86
ForceMode ……… 91
ForceMode.Impulse ……… 91, 113
ForceMode.VelocityChange ……… 91
forwordプロパティ ……… 181
for文 ……… 149
FPS Controller ……… 203
Freeze Position ……… 119
Freeze Rotation ……… 119

## G・H

GameObject ……… 14
GameObjectオブジェクト ……… 14

gameObjectプロパティ ……… 129
[Game] ビュー ……… 11, 47
GetAxisRawメソッド ……… 110
GetComponent ……… 90
GetKeyメソッド ……… 179
GetMouseButtonDownメソッド … 231
[Hierarchy] ウィンドウ ……… 11, 26

## I

if文 ……… 179
Inputオブジェクト ……… 110
[Inspector] ウィンドウ ……… 11, 33
Instantiateメソッド ……… 146
int型 ……… 86

## M・N・O

MagicaVoxel ……… 159
Main Camera ……… 47
Mass ……… 114
Material ……… 38
Mesh Collider ……… 208
Mesh Filterコンポーネント ……… 34
Mesh Rendererコンポーネント … 34
MonoBehaviourオブジェクト ……… 156

| | |
|---|---|
| new | 85 |
| OnCollisionEnterメソッド | 126, 127 |

**P**

| | |
|---|---|
| Physic Material | 74, 75 |
| [Play] ボタン | 58 |
| Position | 34 |
| [Project] ウィンドウ | 11, 39 |

**Q**

| | |
|---|---|
| Quaternion | 146 |
| Quaternion.identity | 146 |

**R**

| | |
|---|---|
| Randomオブジェクト | 196 |
| RigidBodyFPSController | 213 |
| Rigidbodyコンポーネント | 16, 56, 59, 104, 119 |
| Rotateメソッド | 187 |
| Rotation | 34 |

**S**

| | |
|---|---|
| Scale | 34 |
| [Scene] ビュー | 11, 29 |

| | |
|---|---|
| Sphere | 55 |
| Standard Assets | 209 |
| Startメソッド | 84, 95, 96, 97 |

**T**

| | |
|---|---|
| this | 90 |
| Transformコンポーネント | 16, 34, 35 |

**U**

| | |
|---|---|
| Unity Hub | 243 |
| Unity ID | 246 |
| Unityエディタ | 11 |
| Updateメソッド | 109 |
| using | 82 |

**V**

| | |
|---|---|
| Vector3オブジェクト | 85 |
| Vector3構造体 | 17 |
| Visual Studio | 64 |

**日本語**

| | |
|---|---|
| アセット | 203 |
| インスタンス | 18, 132 |
| インデント | 100 |

| | |
|---|---|
| オブジェクト | 12, 18, 85, 97 |
| カメラ | 47 |
| クラス | 18, 83, 97 |
| 繰り返し文 | 148 |
| 構造体 | 17 |
| コンストラクタ | 95 |
| コンポーネント | 16, 34 |
| 座標 | 28 |
| スクリプト | 13, 37, 62, 134 |
| タグ | 193 |
| 単純型 | 17 |
| 名前空間 | 82 |
| パブリック変数 | 143 |
| 引数 | 94 |
| 標準アセット | 203 |
| プレハブ | 130 |
| プロジェクト | 22 |
| ブロック | 83 |
| プロパティ | 129 |
| 変数 | 87 |
| メソッド | 83, 94 |
| モデル | 168 |
| 戻り値 | 95 |
| ライセンス認証 | 247 |